生命课堂研究丛书

生命课堂的100个故事

主　编　夏晋祥

副主编　张国彬　张　艳

電子工業出版社
Publishing House of Electronics Industry
北京 · BEIJING

内容简介

生命课堂是师生共同学习与探究知识、智慧展示与能力发展、情意交融与人性养育的殿堂，是师生生命价值、人生意义得到充分体现与提升的快乐场所。在生命课堂实践中，有许多感人的瞬间、难忘的人和事、精彩的对话……本书系从事生命课堂实验的广大一线教师在自己的教育教学实践中撷取的一个个感人的、难忘的、在生命课堂发生的真实的人和事，读过之后，会让人深入思考，反思教育、重构课堂。

本书可作为广大不同层次在校学生的教育读本，也是广大教师、家长及社会青少年的有益读本。

图书在版编目（CIP）数据

生命课堂的100个故事 / 夏晋祥主编. —北京：电子工业出版社，2017.11

ISBN 978-7-121-32974-6

Ⅰ.①生…　Ⅱ.①夏…　Ⅲ.①生命科学－青年读物　Ⅳ.①Q1-0

中国版本图书馆CIP数据核字（2017）第264323号

策划编辑：朱怀永

责任编辑：胡辛征

印　　刷：北京捷迅佳彩印刷有限公司

装　　订：北京捷迅佳彩印刷有限公司

出版发行：电子工业出版社

北京市海淀区万寿路173信箱　邮编100036

开　　本：787×980　1/16　　印张：14　　字数：291.2千字

版　　次：2017年11月第1版

印　　次：2021年6月第4次印刷

定　　价：40.80元

凡所购买电子工业出版社图书有缺损问题，请向购买书店调换。若书店售缺，请与本社发行部联系，联系及邮购电话：（010）88254888。

质量投诉请发邮件至zlts@phei.com.cn，盗版侵权举报请发邮件至dbqq@phei.com.cn。

本书咨询联系方式：（010）88254604，lijing@phei.com.cn。

序1

20世纪末，我国有一批有志于改变我国基础教育现状的中青年教育学者在学术前辈如叶澜先生等引领下，或沉潜于学术“象牙塔”对教育的本质进行理论沉思，或深入中小学课堂热衷于“教育田野”的实证研究，或乐此不疲地往返于二者之间进行理论联系实际的探索，观察并思考课堂教学存在的问题，解剖分析问题发生的原因，寻找问题解决的对策，他们积极倡导“以生为本”，呼唤“用生命激励生命”、“让教育充满着生命的气息”、“让课堂焕发出生命的活力”。正是在他们积极努力的践行下，使“生命教育”已经成为了我国基础教育变革最具影响力的教育思潮。在“生命教育”思想的引领下，他们追问课堂教学的本质与规律，把握课堂教学改革的潮流与趋势，实践从“知识课堂”走向“生命课堂”。于是在追求“生命教育”的过程中，“生命课堂”应运而生。

教育重建的基点在于学校课堂生活的重建，新一轮课程改革的根本落脚点说到底就是课堂生活的重建问题。因此，课堂生活内在品质实现从“知识课堂”向“生命课堂”的转换，是当前我国课堂生活重建的根本。正因为如此，“生命课堂”一经提出就迅速成为了我国教育改革的热点，说明它遵循了教育的本质与规律，彰显出了人类对自身价值的理性关怀和人文关怀，反映了社会历史发展的必然要求和课堂教学实际的迫切需要，也反映了教育哲学观和认识论的最新成果，更体现了师生生命发展的主体需要。

在研究课堂教学改革和呼唤并推动“生命课堂”的实践者中，有一位介乎于中年和青年之间的学者引起了教育界的关注，他既非在师范院校任教（现任职于职业技术学院），也非专职从事基础教育教学及研究（现从事学报编辑工作），却胸怀改革基础教育的理想，深入到课堂教学第一线，先后在大、中、小学听课1000多节，与广大中小学教师一起讨论交流课堂教学的理论与实践的问题。通过深入研究，他率先总结提炼出了“生命课堂”、“智能课堂”、“知识课堂”三种课堂教学形态，并且持续对“生命课堂”进行了近二十年的理论与实践研究，取得了丰硕的研究成果。他就是原江西师范大学教育科学研究院教师，现任职于深圳信息职业技术学院的夏晋祥教授。

我和晋祥相识是在江西师范大学工作期间。那时他还非常年轻，20岁就大学毕业留校任教，并且以才思敏捷活跃在江西的教育理论界，且常有教育时评文章见诸报刊，尤其是在校报开设“教育漫谈”专栏。值得一提的是，他的大学毕业论文曾受到中央人民广播电台“学术漫步”栏目关注并予以专门的介绍。由于我们都偏好于对教育理论及其实践问题的思考与研究，所以那时的我们还经常在一起探讨一些共同关心的学术问题。依稀记得有一年美国俄克拉荷马市大学学术副校长黄天中博士来访江西师范大学，委托我组织一批国内哲学和教育学者一起探讨“死亡教育”课题，我特意将晋祥拉入课题组。后来不久，他就去了青年人向往的深圳特区谋求发展。

我未曾想到的是，晋祥到深圳后的二十多年间经历十分丰富，他最初在教育局从事局领导秘书工作，后来又到报社做记者，还到美国留学。难能可贵的是在这个不断经历的过程中，他始终能静下心来思考问题、总结得失、研究学问，用自己的行动来体悟生命的成长，从实践中反思教育的本质与规律。期间，在国家级权威刊物上发表了一系列有关“生命课堂”的学术论文，并出版了几本“生命课堂”学术专著。

作为学者我是能体悟“风光的背后是无尽的寂寞”之意境的，任何丰硕的收获背后一定有着辛勤的汗水浇灌。晋祥能在“生命课堂”研究领域取得如此优异的成绩，其背后的艰辛只有他自己知悉，正所谓“文章千古事，得失寸心知”。值此《生命课堂研究丛书》即将出版之际，写下以上的文字以示祝贺！

是为序。

眭依凡于北大勺园
2017年8月23日

（眭依凡系国务院教育学科评议组成员、教育部长江学者、博士生导师、原江西师范大学校长）

我对我校夏晋祥教授“生命课堂”有关学术研究的了解，起始于2016年底我刚到深圳信息职业技术学院工作之时。当时，由深圳市委宣传部、深圳市社会科学联合会、深圳报业集团联合主办的“第八届深圳学术年会·高端学术沙龙”教育专场“创新教育的本质：让生命回归教育”委托我校承办，深圳市夏晋祥“生命课堂”教育科研专家工作室开始具体组织实施。在会上，我聆听了来自全国各地的教育专家对晋祥教授有关“生命课堂”理论与实践研究的介绍，了解到晋祥教授大学毕业后一直从事教育工作，深耕课堂教学领域几十年，针对我国课堂教学的实际，提出了“生命课堂”这一全新的课堂教学新理念，并进行了深入的理论与实践研究，取得了丰硕的研究成果。

确实，正如晋祥在书中所说，生命课堂的本质是以生为本，它以尊重生命为前提和基础，以激励生命为手段和方法，以成就生命为出发点和归宿。生命课堂作为一个教育学概念提出的时间在我国虽然只有短短十几年时间，但生命课堂思想在我国却是源远流长，有着悠久的历史文化传统。生命课堂在当前我国的课堂教学实践中，则呈现出方兴未艾之势，其未来也必将成为我国课堂教学的常态！教师要让自己的课堂教学成为“生命课堂”形态，必须具有丰富的科学知识，高超的教学艺术，最为重要的是要对学生、对教育、对祖国有深深的爱！对生命课堂的内涵、特征、形式、实现路径及生命课堂的历史、现实与未来，书中也有详尽的论述，内容丰富、具体、深刻，是感性与理性的完美结合，值得一读。

当前，我国高等职业教育发展形势喜人，但高等职业教育中也有许多问题值得我们去进行深入的研究，特别是在课堂教学方面，如何在课堂教学中去激发高职学生学习的热情，如何在我们的教育教学中去“赏识生命、激励生命、成就生命”，如何让我们的高职学生也有很多人生出彩的机会，在此也希望“生命课堂”理论与实践研究，能为高职教育提供一套科学可行的方案。

值此《生命课堂研究丛书》即将出版之际，受晋祥教授嘱托，我写下了以上这些话，一是对《生命课堂研究丛书》即将出版表示祝贺；二是对晋祥教授取得的学术研究成果表示欣慰；三是希望他再接再厉，不断努力，争取取得更大的成绩，为我国的教育事业做出更大的贡献。

是为序！

孙　湧

2017年8月25日

（孙湧系深圳信息职业技术学院校长、二级教授）

目 录

一、生命教学故事

1."哑巴"教授，学生最喜欢

北京大学诞辰100周年，化学系对回来参加纪念大会并已在行业取得优异成绩的学子们进行了一次问卷调查，其中有一个问题就是：你在大学四年学习期间，最喜欢哪一个老师？哪一个教师对你的帮助最大？答案让人大跌眼镜、令人意外，有超过一半的同学都回答说，在大学四年学习期间，对他们帮助最大的、他们最喜欢的老师是一个"哑巴"教授！

这位"哑巴"教授来自于山东一个很偏僻落后的农村，由于普通话讲得不好，所以给学生上课时，一般都尽量少讲或不讲，只是给大家设计一个与所讲知识有关的具有激励性和挑战性的问题或情境，让学生自己带着这些问题去思考、学习与探讨研究。针对这些问题，学生通过学习、思考与研究，自己能够解决的就让学生自己解决，学生自己不能解决的，就让大家讨论共同来解决，如果大家集体还不能解决，最后就由老师帮助、启发大家来解决。反正老师在这个教学过程中，是积极创造条件，充分地让学生自己去参与、去体验、去展示，教师的角色只是学生学习的激励者、组织者和欣赏者，学生的角色是主动者和探索者，是课堂的主角，是演员！正因为这样，这位教师在整个教学过程中做到了尽量少讲或不讲，是课堂中的配角，久而久之，大家就给他取了一个绰号："哑巴"教授！

就是因为“哑巴”教授的这种或许是有意也可能是无意的教学方式，把学生的学习积极性充分地调动了起来，在整个教学过程中，学生的自主性充分地得到了体现，学生的好奇心、积极性、思考力、动手能力都得到了充分的发挥，使学生毕业之后，能够很快地适应工作中的需要，能够独立地解决工作中所遇到的一切问题，这也就难怪学生都喜欢这个“哑巴”教授了！

“哑巴”教授所践行的这种课堂教学方式，也正是我们“生命课堂”所大力提倡的！“生命课堂”的课堂教学方式不仅有“教”、有“导”，更加重要的是倡导教师要去积极地创设情境、设计问题，激励学生自己去“自学”，学生的学习方式是学生主动地学、互动地学、自我调控地学；在教学内容上，“生命课堂”倡导不仅要让学生掌握教材的知识，更为重要的是要善于将课堂教学作为一个示例，通过教材这个小小的载体、通过教室这个小小的空间，把学生的视野引向外部世界这一无边无际的知识海洋，通过“有字的书”把学生的兴趣引向外部广阔世界这一“无字的书”，把时间和空间都有限的课堂学习，变成时间和空间都无限的课外学习、终身学习；在教学过程方面，“生命课堂”倡导的教学过程不仅是一个传授知识、发展智能的过程，更重要的还是一个师生合作学习、共同探究的过程，激励欣赏、充满期待的过程，心灵沟通、情感交融的过程；对教学结果，“生命课堂”倡导的是不仅要看学生学到了多少知识，有没有“学会”，还要看学生有没有掌握学习的方法，会不会学。同时，更加重要的是还要看学生通过课堂教学，他们的求知欲望有没有得到更好的激发，学习习惯有没有得到进一步的培养，学生的心灵是不是更丰富、更健全了；在师生角色特征上，“生命课堂”倡导的教师的角色是学生学习的激励者、组织者和欣赏者；学生的角色是主动者和探索者，是课堂的主角，是演员！

（深圳信息职业技术学院　夏晋祥）

2.字写得“差”的老师，却深受学生欢迎

有一年，深圳市民办教育的名校——深圳石岩公学要招聘一名语文教师，学校安排这名教师在小学四年级的一个班试讲，这名教师试讲开始后，便向大家进行自我介绍，然后把自己的名字写在了黑板上，字写得歪歪扭扭，极为难看，真的还不如试讲班级许多学生的字写得好！奇怪的是这位老师写完后，还问学生：

“老师的字写得好不好呀？”

“好！”同学们异口同声地回答。

但也有个别胆子大的学生说：“老师，你们不是教育我们一定要把字写得端正、写得好，怎么你们自己却写得这样歪歪扭扭、乱七八糟呢？！”

说完后，同学们个个面面相觑，十分紧张。这时，这位试讲的老师说话了：

“对！这位同学说得对！老师的字确实是写得不好。所以今天在我们的课上，大家都要说真话，想说？……”

“就说！”同学们齐声回答。老师又说：

“想讲？……”

“就讲！”同学们又大声地齐声回答。老师又说：

“想睡？……”

“就睡！”同学们大声回答完后，个个都吓得伸出了舌头，都知道自己讲错了！

“对！同学们，你们没有错，想睡就睡，如果你们上课想睡觉，主要的原因是老师没有讲好，没有激发出你们的学习积极性，不能怪你们！”

老师讲完后，课堂顿时活跃了起来，学生们觉得非常轻松，也从来没有碰到过这样的教师，对今天这节课，他们充满期待！

事实上，一节课大家觉得很快就结束了，因为老师设计新颖、材料鲜活、主题突出、问题有趣，学生积极……

更让大家觉得不可思议的是，下课铃声响起、听课的老师纷纷走上前去请教问题时，在没有任何老师组织的情况下，学生们自觉地排起了长队，一个个走上高高的讲台，和试讲老师握手告别、道谢，要知道，他们只是小学四年级的学生……

面对此情此景，我们这些坐在后面的听课老师和教育研究者，也兴奋莫名，在回去的路上，大家议论纷纷，却莫衷一是，这时，一位智慧的长者（原中央教育科学研究所副所长滕纯）道出了事物的本真：

“学生课后有如此精彩的表现，是因为学生的心和教师的心‘通’了！”

一个优秀的教师，就是要积极地去创设情境、设计问题、激励学生，这种情境，就包括营造这种民主、平等、轻松、和谐的教学氛围，让学生在温馨中、轻松中、快乐中学习！因为“生命课堂”倡导的教学过程不仅是一个传授知识、发展智能的过程，更重要的还是一个师生合作学习、共同探究的过程，激励欣赏、充满期待的过程，心灵沟通、情感交融的过程。在这种教学过程中，学生收获的不仅有知识、智能，更重要的是还体悟到教师对学生的爱！而教师的这种对学生、对教育、对社会的深深的爱，就是教师和学生能够心相“通”的最好的桥梁……

（深圳信息职业技术学院　夏晋祥）

3.“可迁移知识”与课堂教学的有效性

——兼谈课堂教学从“本本”、“师本”走向“生本”

从二则语文课堂教学案例谈起

“教什么”与“怎么教”的问题一直是语文课堂教学争论不止的问题。语文课堂教学的主要依据与根本出发点究竟是教材、教师还是学生的发展需要，这是一个摆在我们每一个教师面前迫切需要解决的问题，同时也是一个反映教师教育思想的根本问题。

最近听了二节中小学语文课后，更是觉得有必要和大家一起来讨论一下这个问题。

➢ 课堂教学案例一：人教版六年级下学期第 11 篇课文《灯光》

教学中，教师首先向学生做了二个阅读提示：一是课文哪些段落写现在，哪些段落写往事？二是文章以“灯光”为题，课文中出现了几次描写“灯光”的句子，看到了“灯光”，听到了什么？（2 分钟）

然后教师让学生读课文，不断地让学生找出有“灯光”的句子，重点地、有感情地朗读有“灯光”的句子。又让学生找出课文中出现了几次“多好啊！”这一句子，并且要求学生重点地、有感情地朗读！（30 分钟）

最后让学生说一说：你还知道哪些革命先烈的动人故事？读完课文后你想到了什么？（8 分钟）

➢ 课堂教学案例二：人教社 2008 年 7 月第 3 版七年级下册课文《猫》

教学中，教师首先要求学生对作者笔下三只猫的来历、外形、性情、在家里的地位、作者对三只猫的感情变化等课文中所描述的问题分别做一个非常具体详细的梳理。（45 分钟）

然后要求学生思考三个问题：一是作者“永不”养猫包含了作者的什么情感？二是从作者对三只猫的情感变化可以看出作者是一个什么样的人？三是如何善待一切有生命的东西？（30 分钟）

最后让学生说说感受、谈谈收获：在同一件事情上，作者对待不同的猫的态度可能是不同的，猫的遭遇可能是不同的。那么这是什么造成的？你从中悟出了什么道理？（15 分钟）

从上面两个教学案例我们可以看到，教师的教学是紧扣课本的，无论是小学课本的“灯光”还是初中课文的“猫”，教师都是用了大量的教学时间来讲解课文中的内容。但我们要考虑的是，教师这种用了大量宝贵的课堂教学时间来讲解的东西真的对学生的长远发展与可持续发展有价值吗？

就“当下”及教材与教师而言，“灯光”在课文中出现了几次？猫的来历、外形、性情、在家里的地位等问题对教师完成眼前的教学任务是有一定作用的，也就是说，就“本本”与“师本”而言，它是有一定价值的，但是，离开了这节课，离开了这篇课文，这些所谓的“知识”对学生的长远发展而言就没有任何的实际意义与价值了！因为这些所谓的“知识”是不可迁移的！而课堂教学的本质不是为了教师就教材而教学，也不是为了教师好教，而是要教师通过自己的课堂教学，为学生的长远发展与可持续发展奠定良好的基础，所以这就要求我们的课堂教学必须从“本本”、“师本”走向“生本”！要求我们的课堂教学必须从学生的长远发展与可持续发展的需要出发，而不是从完成教材和教师好教的需要出发！

二则语文课堂教学案例给我们的启示

通过以上二则语文课堂教学案例，我们可以得到如下几点启示。

第一，课堂教学的无效与低效源自于我们的“本本”、“师本”教育体系。

“本本”和“师本”教育的一个根本特征就是课堂教学的设计是围绕教材和教师来进行的，没有考虑到学习的真正主人学生的实际和需要，从而激发不起学生学习的积极性和主动性，使得课堂教学体现为无效与低效。

第二，课堂教学的有效与高效要求我们树立“生本”教育理念。

一切改革的根本目的都是为了调动人的积极性，课堂教学改革的根本目的则是为了调动学生学习的积极性。而要调动学生学习的积极性，就要求我们树立“生本”教育理念，充分尊重学生，一切为了学生，全面依靠学生！

第三，要让课堂教学走向“生本”，实现高效，必须做到如下三点：

➢ 首先是高度尊重学生，充分依据学生

课堂教学当然要依据教学大纲和教材，但最根本的依据是学生。而每一个学生的生命都是独特的，这种独特性以其独特的遗传因素与环境相互作用，并通过其经历与经验、感受与体验体现出来。国内外许多学者都强调对生命个体独特性的尊重，并把这种独特性和差异性当成教育教学的宝贵资源，并以之作为教学的出发点而加以开发和利用。

➢ 其次是要激发学生积极地、自主地学习

具有自我意愿的学习是一种最高效的学习，优秀的教师善于激发学生积极地、自主地

学习，高效的课堂教学不仅要有教师的“教”和“引导”，更加重要的是教师要去积极地创设情境，激励学生自己去“自学”。

➢ 再次是要让学生掌握最基本的可迁移的知识

课堂教学所要传授的是一些最基本的知识，是那些学生今后可以迁移的知识。过去我们一直认为给学生灌输的知识越多越好，因而不管学生能否接受。实际上，按照现代教育心理学，学生只有学习那些最基本、最具迁移力的知识，建构自己的知识结构，才能增强学习的统摄力和学习效益，在学习活动中逐渐学会学习，这才是学生学习知识的根本。对此，孔子有一则非常经典的表述：“不愤不启、不悱不发、举一隅不以三隅反，则不复也（《论语·述而》)。”在这里孔子指的“一”就是具有广泛迁移性的、能创造知识的、“含金量”较高的那些知识。之所以要讲授这个“一”，是因为学生学到的知识越是基本，几乎归结为定义，则它对新问题的适应性就越宽广。

（深圳信息职业技术学院　夏晋祥）

4.知识传授与人文关怀

课堂教学的基础功能是传授知识，课堂教学的核心功能是发展智能，课堂教学的终极功能是培养学生健全的心灵。“生命”、“激发”、“爱学”是“生命课堂”的三个关键词，也是考量课堂教学有效性的三个重要指标。

“生命”反映教育价值取向，课堂教学体现的根本价值是一种对人的关注、关怀与提升，把人（包括教师和学生）当成人的最高目的。生命课堂在重视知识与技能的基础上，更加关注师生的生命发展，重视学生的情感、意志和抱负等健全心灵的培养。

“激发”体现为教育方法，生命课堂强调教育不是把水灌满，而是将火点燃！

“爱学”是学习结果与学习体验，指学生经过学习产生的变化、获得的进步和取得的成绩，这是生命课堂的核心指标。每节课都应该让学生有实实在在的收获，它表现为从不懂到懂，从少知到多知，从不会到会，从不能到能，从没有兴趣到有兴趣的变化上。学习体验指的是学生的学习感受，即伴随学习活动生发的心理体验。这是被传统教学所忽视的考量有效性的一个向度。教学过程应该成为学生的一种愉悦的情绪生活和积极的情感体验，这是生命课堂的灵魂，学生越来越爱学习是生命课堂的内在保证。

曾经在一所“生命课堂”实验学校听课时发生过一件这样的事到现在印象都还很深：老师讲课正在兴头上，这时一位学生捂着肚子痛苦地径直来到教师面前说：“老师，我的肚子很痛！”不知是由于学生没有举手老师认为不尊重自己的原因，还是老师怕学生打断自己的教学思路，又或是有那么多专家学者和同行在后面听课让学生离开教室不好的原因，总之是最后学生在教师面前站了好久，老师也不理他！无奈之下，学生只好不顾一切地跑出了教室。

事后，一起听课的学校教务主任跟我说：“教授给我们说的一些教师在思想观念上重知识（本本即教材）轻生命（生本）的现象就发生在我们的身边了，看样子我们真的要加强对‘生命课堂’有关理论的学习。”

面对着一个弱小的、正在忍受着病痛折磨的活生生的生命，我们的教师可以无动于衷地继续着自己的授课，这里去分析教师的师德有问题可能有些言过其实，导致这种情况的更多原因可能是教师对课堂教学本质与功能的错位认识。课堂教学中传授知识、发展能力的目的是为了学生生命的更好发展，课堂教学体现的教育根本目的是一种对人的关注、关怀与提升，课堂教学应该把人（包括教师和学生）当成我们的最高目的。在“生命课堂”中，知识和智能成为了一种工具性的目标，学生掌握知识、发展能力是为学生的生命发展服务的。现在我们有些老师在课堂教学的实践中把工具性的目标当成了根本的目标，把工具性的质量当成了根本的质量，以至于在我们的课堂教学实践中本末倒置，只有知识的传授，而无人文的关怀，以至于教师“目中无人”而导致课堂教学有效性的缺失！

（深圳信息职业技术学院　夏晋祥）

5.一节课“很辛苦”与“教懒课”

有一次，受一所“生命课堂”实验学校的邀请，前去听课。校长说：“都是老朋友了，教授想去听谁的课都可以，想去听哪个学科的课也没有问题！并且这样的话教授更能了解当前学校课堂教学的实际情况。”

有了校长的这一番真诚表示，我便随便选择了四年级一个班的数学课来听，整节课下来，教师非常卖力，一个人讲到底，下课时，一个年轻力壮的男教师已经累得满头大汗、气喘吁吁了！

听了人家的课，人家自然是要来征求一番意见了。面对这样一位小学中年教师，我除了客气地指出了这节课的一些不足及需要改进的地方外，还特别安慰了他一句：“这节课你很辛苦！”

曾记得浙江东阳市有一位教懒课的李成良老师说过这样一句话：“如果我这个校长很忙，老师们也很忙，那么，我就不是一个好校长。如果我这个老师很忙，学生们也很忙，那么，我就不是一个好老师。”在这里我也想说一句：“在课堂上越辛苦、越忙乱的教师，越说明他对教学的准备不足，越说明他用在教育教学上的心思不足！”因为，教育是需要我们一辈子全身心地去付出的事业，只在课堂40分钟用心用力的老师，是永远都不可能成为一名优秀教师的。所以说，要成为一名优秀教师，就必须在课前课后下足力气，做到“心有底气”，只有这样才能在课堂教学中教“懒课”。而要做到这一点，李成良老师的经验是：

（1）要吃透教材

只要心中有教材，“任尔东西南北风，我自岿然不动”。课程改革，不管怎么改，大体的知识点永远都改不了。如何实现知识之间的有效链接呢？两点要做到：其一，熟背每一本教科书。最好是每一册教材都能背出来。作为一名老师，必须明确编者意图，明确每节课所学的知识点、知识块在整个单元、整册教材、整个小学阶段所处的地位、作用及来龙去脉。每节课的重点、难点、关键点都做到心中有数。背熟全部教材，理清编者思路，明确研究方向，重组自我教材，搭建知识模块，这样才有系统性。虽然我们的教材几经修订，但是我们也要反思这样安排是否适合自己上课，是否适合“我”的学生。特别是新教材，更应该抓住新旧教材的优缺点，抓住学科本质去备课。其二，熟做每一道习题。最好把练习中的全部题目做熟、做透。也许有人认为这是多此一举，其实不然。因为练习中的每一道习题，都是经过编者精选的，都是有编者意图的。只有弄清编者意图，才能有的放矢地组织教学，在组织教学时就不会偏离重点，同时可以将教学内容进行取舍、重组，这样才能做到有效练习，从而提高课堂实效。背教材、做习题对一个老师来说很重要。背熟教材，做熟习题，让我们真正胸有成竹。

（2）要吃透学生

这个说起来简单，做起来还是比较复杂的。要与家长沟通，共同出谋划策。还要注意观察，及时把握学生的学习态度、学习习惯、知识点的掌握情况，及时反思、分析，多问自己，学生为什么会这样？在课堂上，对哪些学生该提什么样的问题，他能回答什么样的问题以及掌握到什么程度，心里都要非常清楚。提问的目的必须明确。在李成良老师的数学课上，无论回答问题还是上台板演，总是不断重复地叫着几个名字，这些学生的发言或支支吾吾，或答不到点上，板演解题或计算出错，或思路不清，而老师总是不厌其烦地讲解和评价，而这些学生也是欣欣然而往，欣欣然而返，及时纠错、及时明理。做作业时，老师也总是驻足在这些学生旁边加以指点，进行面批，这些都是班里的学困生。在李成良老师眼里，每个学生不是抽象的，不是笼统的教学对象，而是非常具体的。心中有学生，更为重要的一点是：要着重从学生的角度来分析学生理解、掌握知识的难点是什么。

熟背每一册教材，熟做每一道习题，熟记每一个学生，才是真的准备透了，才为教师上课时的“懒课”奠定了基础。

（深圳信息职业技术学院　夏晋祥）

6.精彩极了与糟糕透了

人民教育出版社出版的语文教科书五年级上学期有一篇课文，题目叫《精彩极了与糟糕透了》，作者是美国作家巴德·舒尔伯格。

文章写的是作者在自己七八岁时遇到的一件事：作者自己写了一首十行诗，心里特别得意。先拿给怜爱自己的母亲看，得到了母亲“精彩极了”的高度赞扬；后来又拿给要求严格的父亲看，却得到了父亲与母亲完全相反的评价：“糟糕透了”。为此，父亲和母亲发生了激烈的争吵，作者自己本人的心情也从“得意扬扬”变得“失声痛哭”，直至作者成年取得了较大的文学成就后，作者才理解了这是两种不同的爱。

我去听“生命课堂”实验学校的语文老师讲这节课时，老师基本上是按照教材的思路来展开，先是讲母亲如何称赞作者，作者又是如何高兴；然后是讲父亲如何严肃地要求与批评作者，作者又是如何痛苦与沮丧；最后是作者对这两种不同表现形式的爱的理解。教师最后还特别强调父亲的爱是如何深刻，如何值得我们以后去学习这种教育的方式。

听完课后，我问老师：难道父亲的这种教育方式真的很全面吗？难道父亲这种极端的教育方式真的比母亲的另一种极端的教育方式就好吗！难道父亲或母亲就不能将这两种评价内容合二为一吗？！既指出作者在还是孩子时就能写出如此好的诗词的优点和长处，又能提出希望，指出改进的意见，鼓励孩子再接再厉，更上一层楼！这样的话，作者也不至于背着沉重的心理包袱度过天真幸福的童年！

其实，教材课文都是经过编者精选的，都是有编者意图的。只有弄清编者意图，才能有的放矢地组织教学，在组织教学时就不会偏离重点。但教师在教学中并不能完完全全照搬教材的思路，可以并且应该对教材进行再“编辑”，将教学思路、教学内容进行取舍、重组，反思这样的思路、这样的内容、这样的安排是否适合自己上课，是否适合“我”的学生，只有这样才能使我们的课堂教学做到有的放矢，更适合教师自己、更适合学生，从而提高课堂实效。

（深圳信息职业技术学院　夏晋祥）

7.课结束时铃声响

每一次到“生命课堂”实验学校去听教师的公开课，都会发现一个普遍的现象，就是上公开课的教师都准备得非常充分，从教学的整体设计到板书再到师生的互动环节，环环相扣，紧张有序！更有趣的是，基本上所有上公开课的教师在教学时间的把握上都能做到：课结束时铃声响！

评课时，大家在谈到上课的优点时，基本上都会肯定公开课教师在时间把握上的准确、安排上的合理，并且把是不是当堂完成了教学任务设计作为一个非常重要的标准。很多教师在上课时（特别是在公开课时）看到学生的发言甚至是非常精彩的发言，由于害怕完不成设计好的教学内容导致“铃声响时课还没有结束”的局面而经常打断学生！

有些教师也经常为自己在公开课上能够如此准确地把握好时间而沾沾自喜！

对这个问题我们应该怎么来看？实际上，课结束时铃声响只是一节课成功的很表面的东西，而不是根本的标准。课堂教学的本质绝不是教师在课堂教学时间的把握与安排上，而是通过我们的课堂教学去赏识生命、激励生命、成就生命；去激发学生学习的积极性与主动性；去让我们的学生变得更会学、更爱学！所以我们教师大可不必去刻意追求这种表面效果。

实际上，一味刻意追求这种表面效果，恰恰说明我们一些教师对课堂教学的本质与功能的认识还是停留在“知识课堂”层面上。在“知识课堂”中，教师的教和学生的学在课堂上最理想的进程就是完成教案，而不是“节外生枝”，而“生命课堂”则既看预设性目标，更看生成性目标，鼓励学生在教师的激发下在课堂中产生新的思路、方法和知识点。在课堂教学中，教师的主要任务不是去完成预设好的教案，更加重要的是同学生一同探讨、一同分享、一同创造，共同经历一段美好的生命历程；“生命课堂”倡导的是不仅要让学生掌握教材的知识，更为重要的是要善于将课堂教学作为一个示例，通过教材这个小小的载体、通过教室这个小小的空间把学生的视野引向外部世界这一无边无际的知识海洋，通过“有字的书”把学生的兴趣引向外部广阔世界这一“无字的书”，把时间和空间都有限的课堂学习变成时间和空间都无限的课外学习、终身学习；“生命课堂”倡导的是不仅要看学生学到了多少知识，有没有“学会”，还要看学生有没有

掌握学习的方法，会不会学。同时，更加重要的是还要看学生通过课堂教学，他们的求知欲望有没有得到更好的激发，学习习惯有没有得到进一步的培养，学生的心灵是不是更丰富、更健全了。

（深圳信息职业技术学院 夏晋祥）

8.教学过程，应该是充满着期待的过程

有一次，到一所学校去听课，听的是小学二年级的数学课。在教学过程中，老师提了一个问题，全班同学都积极举手发言，当老师要一位手举得很高的同学站起来发言时，这位同学却一下子讲不出任何东西了，顿时，这位同学表现出非常紧张的样子，全班同学也跟着表现得非常紧张！这时，老师说话了："××同学，平时发言都非常积极，非常愿意思考问题，今天可能还没有完全思考好，老师相信，等一下××同学思考好后，一定会给我们一个非常精彩的答案！"接着这位老师继续上课，直到课都快要结束时，这个老师发现××同学很想发言，于是便停下自己的讲课，让××同学把刚才那个问题的答案告诉大家，当××同学讲完后，全体同学都不约而同自发地鼓起掌来！

我们生命课堂所倡导的教学过程，不仅是一个传授知识、发展智能的过程，更重要的还是一个师生合作学习、共同探究的过程，激励欣赏、充满期待的过程，心灵沟通、情感交融的过程。

（深圳信息职业技术学院 夏晋祥）

9.一堂实验课的反思

物理是一门以观察、实验为基础的学科。物理实验体现了物理知识的产生、形成、创新和发展过程，对培养学生“创新精神和实践能力”具有重要的意义。我在物理实验课的教学中发现，学生是很喜欢上实验课的，但是在上实验课时大多数学生只是按照老师教的步骤去机械地重复，并没有明确的目的，做完之后收获不大。基于上述现象，我决定改变一下实验课的教学方法。

在做“探究功与速度变化的关系”实验前，让学生根据老师给出的学案进行预习，学案中不给出实验的具体器材及步骤，而是给出一些提示信息，例如：“这个实验要探究的物理量是什么？”、“要测量这些物理量我们可以用哪些器材？”、“测量时怎样使用这些器材？”、“你准备怎样完成这个探究实验？”、“实验中要注意些什么？”、“与本小组同学进行讨论并最终确定实验方案”等，以问题的形式指引学生思考，使学生能够有目的地进行预习。

在实验课上，学生们展示出来的方案给了我很多惊喜，他们能够想到用以前做过的“验证牛顿第二定律”的实验所用的器材来做这个探究实验，还能够给出具体的原理及操作方法。还想到用我以前介绍过的课外仪器进行实验，如光电门、光电计时器、气垫导轨、速度传感器、力传感器等，我让同学们对每一个方案进行分析，思考“可不可行？”、“有没有什么改进意见？”、“实验时的注意事项是什么？”、“哪些方案更合理？”、“哪些方案我们可以施行？”等问题，让学生认真思考、进行小组讨论并发表自己的观点。

接下来我又给学生们介绍了一种经典的实验方法，用橡皮筋弹射小车进行实验。让学生们分析这种设计又应该怎样去探究出功与速度变化的关系，功怎样测、速度怎样测，怎样找它们之间的关系等。这个半定量的实验设计学生是没有见过的，这使得学生更加好奇，更加积极地参与进来。

改进后的实验课充分调动了学生的积极性，可以看到绝大多数同学都能积极地加入研讨，敢于发表自己的观点，同学们通过思维碰撞进一步加深了对实验探究的理解，对所学器材更加熟悉，又通过生生合作、师生合作，学到了新的知识。学生不再机械地重复老师的演示，使物理实验回归到探究的初态，在设计、研讨、操作等过程中积极思考、积极参与，体会到物理是一门实验科学的本质所在。

在今后的教学中，我要多思考，为学生创设更多的、可行的、有意义的探究情境，更好地激发学生的学习兴趣，让学习物理不再是只限于题海的枯燥的事。

（深圳科学高中　么艳梅）

10.不如赏识

从读师范学校到成为人民教师的我曾看过不少关于教育教学的文章，有一篇赏识教学的文章给了我很大的启示，从训斥到赏识，从赏识到成功。这些说明了赏识离成功要近得多。作为教师的我，就更需要充分利用赏识这个有利的方式来调动孩子们的学习积极性，帮助他们树立自信心，健康快乐地成长。

我们班有一名学生特别好动，一次能够坚持安静地坐上五分钟就算表现很好了，不仅他自己没学什么东西还影响了其他同学，扰乱了课堂秩序，有时候真让老师们头痛。有一次我进教室上课，刚巧碰到数学老师也在，他有些生气地说："叶文，你真是个经不起表扬的孩子！"我不知道是怎么回事，也没多问就开始上课了。上课没多久，叶文的"老毛病"又犯了，我也气愤地说："叶文，难怪刚才数学老师也说你经不起表扬！"谁知，他却小声嘀咕地说："你又没有表扬我！"我一震，这一句突如其来的无忌童言让我一时不知说什么好。

课后，叶文同学的话一直在我耳边萦绕。仔细想想，平时他总是调皮捣蛋，很少有发光点，老师们的确很少表扬他，我也不例外。从今天这件小事看来他还是挺在乎老师的表扬和肯定的。是啊，调皮的学生也是学生，和大家一样都希望得到赏识，而且，从某种意义上说，也许他比其他学生更希望得到老师的表扬吧——因为调皮，平时挨的批评肯定不少。我以前忽视了这一点，于是我决定在今后的教学中要调整方式方法，要常带着赏识的目光进课堂。

从那以后，在课堂上，只要我看到他认真听讲或回答了一个问题我就马上肯定、鼓励并表扬他。经过一段时间的赏识教学，我发现他在课堂表现、作业完成情况以及和同学相处等方面都取得了小小的一点进步。但毕竟小孩子的自控能力比较差，要想在短时间内把坏习惯全部改掉是不现实的。所以遇到他上课又不够认真、小动作多多、对要掌握的知识又模糊不清时，我并不灰心，因为我知道这种学生是需要时间来磨的，也需要老师们有更多的耐心。我深信对待学生要有爱心，辅导学生要有耐心，教育学生要有诚心，只有一心一意善待每一位学生，才会在教育教学上喜获丰收。我坚信，只要坚持把赏识教育的理念运用到实际教学活动中，一定能取得成功。哲人曾经说过，"人的精神生命中最本质的要求就是渴望得到赏识。"训斥只会压抑心灵，只有欣赏、激励才能开发人的潜能。希望通过我的不断努力，以及与家长、与其他老师的配合，能慢慢改变这个孩子的不良习惯，让他得到更好地成长。虽然这个过程是漫长的，但我会坚持。

（深圳市全海小学　曾翠红）

11.从两次教学“分数的初步认识”体验到的

第一次教学“分数的初步认识”时，我分析这节课的目标就是认识几分之一，重点是1/2，在此基础上扩展到1/3、1/4。基于建构主义的理念，我从学生生活经验中的“一半”引入，先让学生用自己喜欢的方法到黑板上表示“一半”。学生的表示方法特别多，有的画了一个长方形，从中间断开；有的画了一个正方形，中间画了一道线；有的画了一个圆形，中间画了一道线；有个学生在黑板上写了一个“3”，我问这是什么，他说是一半，我表示不理解。我说：“怎么是一半？”他说：“我姓林，是左右结构，木是3画就是林的一半。”还有个学生画了个村子，画了两片桃叶，还画了一把菜刀，把桃子一切两半。他画得很认真，花费了很长时间。然后，我开始讲解：“你们刚才画的‘一半’，都可以用一个简单方法表示……”于是出示1/2，并顺手把学生画的内容统统擦掉，因为还有新的板书（事先设计好了的）要写。结果没料到的事情发生了：画桃子的学生整节课都闷闷不乐。我走到他身边悄悄地问：“你怎么不高兴呀？”他说：“不是您让我们上去画的吗？为什么刚画完就又擦掉？”事后，我了解到这个学生是班里画画最棒的。由于我心里总想着要把重点知识讲清楚，把该写的板书都写上，没想到竟伤害了这位“小画家”的感情。后来我每想到此，就感到后悔莫及。实施《课程标准》后，我又教学这个内容，就有意识地调整了数学目标，注重对学生情感、态度、价值观等的培养，所以在出示1/2后没有立即擦掉学生们在黑板上的“作品”。但又不能让这些学生总停留在用画画来表示分数。我说：“同学们，你们能不能说说生活中的分数？”学生思维的闸门一下子打开了，有的说：“我妈妈买了10个苹果，我吃了一个，正好是1/10。”我就把1/10写到黑板上。接着问：“刚才画图的几个小朋友，谁能用自己喜欢的办法来表示1/100呢？”他们都上来了，要把原来的那个图重新分成100个小格。在他们分的过程中，我组织学生做游戏，把两条线段藏起来，只露出第一条的1/2，第二条的1/3，而露出的部分是一样长的，让学生猜哪条线段长。其中有两个学生走过来说，也想跟我们一块做游戏，我问他俩为什么要和我们做游戏，他俩说用画图来表示1/100太慢了，觉得用分数表示还是挺好的。我马上拉着他俩的手说：“你们终于愉快地接纳了分数这个新朋友，谢谢你们！”他俩特别高兴地和大家一起做游戏了。“还在画画的几个小朋友，你们怎么办？”“我们还要画。”“好，既然你们这么喜欢用画图来表示分数，那就继续画吧！”我在1/100的分母上添了一个0后说：“1/1000该怎么表示呢？你们能用画图来表示吗？”见他们画着画着为难了，于是就自动放弃画图，个个轻松愉快地加入了做游戏的行列。这时，我用商量的口吻说：“我想和你们商量一下，刚才你们画的图、线段、文字都把这个物体平均分成两份，表示其中的一份。如果你认为 1/2 这个分数能更好地表示你的意思，就可以擦掉你画的图；如果你认为你的表示方法更好，也可以保留。”这时，很多学生纷纷到前面擦掉自己的“作品”，只有一个学生认为自己画的图更好，执意不擦。我尊重他的意见，并把他的“作品”用粉笔围起来保留在黑板上。

我认为，教师要学会期待，学会欣赏每一个学生。让每一个学生都感到自己在集体中很重要，自己提供了信息，能够帮助同学们研讨，这就是自己存在的价值。让每个学生都不断地认识到自己的地位和价值，不断地认识到自己在班级的重要性，这样才能扬起自信的风帆，积极主动地去探索，逐渐养成对数学的情感。今天没学会 1/2，没关系，还有明天，教师一定要给这样的孩子一个宽松的环境。因为有些孩子就是需要比别的孩子更多一点的时间来认识和掌握新知识。如果我们对所有的学生都是一个要求，就会在语言、态度、行为上出现偏差，而这个偏差有时是很不经意的，但这对学生来说可能是致命的，他可能从此不再喜欢数学，原因就是不喜欢你这个老师。

“以学生发展为本”这样一个新理念，既是课程改革的出发点，也是它的归宿。《课程标准》指出：“义务教育阶段的数学课程，其基本出发点是促进学生全面、持续、和谐地发展。”为此，我们的课程目标应该是多元化的，小学数学教育的重心要转移到促进学生全面、和谐、可持续发展上来。

（深圳市全海小学　刘卫林）

12.带着“雅”“礼”上路

第一次站在田东中学的教学楼前，吸引我的不是所有教学楼连在一起的构造，不是那一株株盛开的红色花朵，而是那“知雅识礼，崇德尚美”八个醒目的烫金大字。整齐地排列在教学楼墙体上的这八个字很难不让人发现，也很难不让人驻足打量和思考。这八个字到底是什么意思呢？它对于这所学校来说又意味着什么呢？带着这样的疑问，我成为了田东教师队伍的一份子，也很快获得了第二个问题的答案：这是田东中学的校训！然而，第一个问题的答案究竟是什么？我想，要单纯地解释这八个字估计不是什么难事。可是要想找到这八个字作为校训所代表的内涵却是不容易的。在田东工作的这一年里，我无时无刻不在寻找着、探索着。我很庆幸自己在“知雅识礼，崇德尚美”这个校训的引领下学到了不少，也收获了许多，我更欣慰自己在践行这个准则的过程当中也让我的学生慢慢走上了“知雅识礼，崇德尚美”的道路。

开学第一课

从进入学校到第一次与学生见面，之间隔了好几天的时间，作为新人的我一直在思考与学生的第一次见面该说些什么，开学第一课究竟该如何上。心中冒出一个又一个的方案，可是又一个一个地被我自己否决了。一次偶然的机会，我想到了最初吸引我的那八个字——知雅识礼，崇德尚美。是啊，作为成人的我尚且对这八个字曾经抱有疑问，更何况那些刚刚从小学毕业的孩子们呢？并且，即将成为这个学校成员的他们怎么有理由不在第一时间了解并学习校训呢？于是，我便把我的开学第一课定为《认识新学校，从校训开始》。

课堂上，作为老师的我首先通过一些文献资料向学生简单介绍了一下校训中最重要的两个字“雅”、“礼”本身的意思和来源。为了避免学生陷入文献考究的枯燥学习，接下来我便在班里发起了一场讨论——请同学们以小组为单位，讨论在他们的心中怎样的行为才称得上“雅”和“礼”，怎样又是“不雅”或者“无礼”的。虽然班级是刚刚组建的，同学们之间也并不了解，但是面对这样一个全新的问题大家马上就进入了状态，展开了激烈的讨论。在巡视的过程中，我发现孩子们各抒己见，当自己说的得到小组成员认可时，孩子们的小脸蛋上立马就露出了满意的微笑。相反，当小组成员提出的“不雅”和“无礼”的行为表现和自己曾经的行为契合时，有的学生便不好意思地低下了头……看到这样的场景，我也偷偷地长舒了一口气，至少我的引导已经让孩子们进入了状态。在这个时候，我抓住机会，适时结束了讨论并且请小组代表来向大家汇报本小组的讨论结果。当所有小组都分享完毕后，全班同学也在这一刻达成共识：努力做到“雅”“礼”，对于刚才讨论中提到的“不雅”和“无礼”现象一定尽量避免。我想，这种形式的新学期第一课，对于即将要在田东中学接受三年“雅礼教育”的孩子们来说，还是非常有必要并且收获不小的。

请你小声点

小武是班上非常活泼又可爱的一个孩子。他虽然学习基础比较薄弱，上课比较容易分心走神，可是只要他一旦认真听课并且听懂了老师所讲授的内容，就一定会非常积极主动地给老师以回应。至于每次在班里讨论班级事务，他也总是积极得不得了。然而，就是这个比较急躁的性子也给他带来了不那么讨人喜欢的一点，那就是无论什么时候，他都扯着嗓门大喊，似乎就怕班里有人听不到他所说的。正是这一点，让班里很多孩子都对他不同程度地产生了厌恶感，甚至只要一听到他说话，很多人都会摆出一副很不屑一顾的样子。

面对这样的状况，我也试着找小武谈过，也试着从生理发育的角度告诉他这样大喊大叫对自己是有害的。每次他当面都答应下来，可是过不了多久就又犯了。这时候，我便开始重新分析这个孩子。我发现，他对于自己的事情似乎总有些不以为意，尤其是对所谓将来的危害在他的心中根本没有一个明确的概念，而一旦事情上升到班级集体的高度时，他便会显现出平日里少有的认真和用心。抓住他这个特点，我便再一次找小武谈话。

在这一次的谈话中，我不再生硬地要求他降低音量，而是从我们的校训“知雅识礼，崇德尚美”入手。记得当时的我是这么对小武说的：“小武，你还记得我们田东中学的校训吗？”“记得啊！知雅识礼，崇德尚美啊！老师，这么简单的问题，我当然知道啦……”“不错，看来你一直都记得我们的校训啊！值得表扬！还有一个问题，你记得我们开学第一课上的是什么内容吗？”“我记得我们好像讨论了校训吧。”“对啊，那你现在好好想一想，你自己有没有什么行为和当时我们列出来的‘不雅’有关吗？”这个时候，我发现小武埋下头去了。我想他一定在沉思，也一定想到了什么。我没有再多说什么，只是小声地在他耳边留下了这么一句话：“请你小声一点，好吗？”小武听到之后，似乎有点不好意思，但他还是努力地点了点头……

除了和小武的这一次谈话外，我在私下里又找到了班里几个比较有责任心并且脾气比较温和的女生，给她们分配了一个“监督提醒员”的任务。我拜托她们时时关注小武以及班上其他一些喜欢大声说话的同学们。一旦小武或者其他人在班上大声喊叫，距离最近的一个“监督提醒员”就负责走到大声说话的同学身边，对着他的耳朵轻轻说一句“请你小声点，好吗？”。

经过一段时间后，我很高兴地发现，小武不再像原来那样咋咋呼呼了，班里也少了很多大喊大叫的声音，同学们都有意识地降低了自己的音量，以自己的实际行动践行着“雅”的典范要求。

“知雅识礼，崇德尚美”，这是每一个田东人都铭记在心的校训；“雅礼教育”，这是田东中学独创一格的育人体系。作为一线班主任教师，如何将雅礼纳入我自己的行为规范，又如何将雅礼教育贯穿在整个教书育人的过程中，将是我一直去探索、去研究的长期课题。

（深圳市田东中学　贺璐）

13.多此一举

这是一堂《小数的混合运算》的练习课，上课伊始我出示了这样的题目：

“阿姨批发水果，20 千克，35 元，零售每千克 3.1 元，卖完后能挣多少元？”

在孩子们进行了自主探究、合作交流之后，请小组代表把解决问题的办法写在了黑板上：$20\times3.1-35=62-35=27$（元）。小代表写完后，神秘地问大家：“有哪位同学看懂了我们组的方法？”话音刚落，欣欣同学就跑上台前拿起粉笔，在黑板上工工整整地写下这样的等量关系：卖的钱 - 买的钱 = 挣的钱。美欣同学跑上来在 20×3.1 下面画上波浪线，并给大家解释：“这一步是计算一共卖出的钱，后面的 35 就是买进的钱。”说完用征求的眼神看着列式的小代表，小代表给予肯定：“我就是这么想的。”随后又做了补充：这样列式就是在计算卖出和买进的相差数是多少。“对，就是求 20 与 3.1 的积比 35 多多少。”婷婷同学马上补充。是呀，多精炼的抽象描述呀，真的为孩子们这种自主的抽象而欣慰。我想如果在我们的教学中能时时进行这种生活中的问题与无情境的问题框架的联系，或许会让复杂的问题简单化，会让孩子们更好地抓住问题的结构，会更清楚地理解数量的关系，会增强孩子们的逻辑思维能力。

正想把此题目扩展成课本上的针对练习，坐在后面的辉辉同学站起来说：“我有一个方法，不知道对不对？”“没关系，上来试一试。”我鼓励孩子大胆地走上来。辉辉在黑板上写下了这样的算式：$(3.1-35\div20)\times20=27$，随后辉辉问：大家能看明白吗？有些同学露出疑惑的眼神，“这是什么意思？”陆续地有孩子举起了手，“我不明白，你这里怎么前面除以 20，后面又乘 20？”辉辉听同学们这么一说，不好意思地说：“我这是多此一举了。”难道真是多此一举吗？我就此提出质疑。有同学大胆表述：这种方法不是多此一举，因为 $35\div20$ 求的是批发时，一千克水果多少元。用 $3.1-35\div20$ 计算的是卖的单价和买的单价的相差数，所以也是正确的。另一个孩子一听，马上进行补充：第一种方法是求卖与买的总价的差，这种方法是先求卖和买的单价的差，然后再乘 20 来求总价的差。共同点都是用卖的减去买的。多精彩的比较啊，“还有更多的思考吗？”孩子们小思片刻，马上，思晗同学又举起了手，我示意孩子到前面来讲给大家听。思晗跑到前面来，拿起一支红笔，接着辉辉的列式写道：$(3.1-35\div20)\times20=3.1\times20-35\div20\times20=3.1\times20-35$，接着又把她演变的这个算式与最初的第一种列式之间连了一个大大的弧线。“发现了什么？”我就势问，“乘法分配律！”孩子们大声地回答。“大家说，辉辉的方法是多此一举吗？”“不是多此一举。”孩子们异口同声地喊道。“让我们把掌声送给辉辉。”随即教室里响起热烈的掌声。

我们感谢辉辉，是他的参与为同学们增加了对知识的自主探究的机会，是他让同学们有了求异的思维，是他让同学们用问题的解决来诠释了运算的规律，也是他让我们深深地感受到：把课堂还给孩子，把时间还给孩子，把机会还给孩子，让我们的孩子做课堂小主人，这一切教与学方式的转变不再是多此一举！

（深圳市全海小学　孙丽萍）

14.教学活动中的美感

作文教学像难啃的骨头，老师们比较困惑，学生也比较困惑，但如果有了美感，困难便迎刃而解。

讲台上坐着几位“领导”，有“校长”、“副校长”、“何警官”等，他们都是同学扮演的。主持人“李副校长”宣布：“下面请新生代表发言，请一年级新生代表靳昊霖同学和罗梓昊同学上台！大家欢迎！”从教室右侧走上来两位同学，一位戴着红领巾，一位没戴，他们俩走到讲台前面，面朝全班同学站立，其中一位同学小声指挥：“敬礼”，两人同时行队礼。靳昊霖同学向同学们行了一个标准的队礼，罗梓昊同学不仅向同学行礼，还举着手扭过身子向身后的“领导”行礼，全班顿时爆笑。

行礼毕，罗梓昊同学说：“大家好！我是一年级三班新生代表靳——”话音未落，全班又哄堂大笑！他自己抿着嘴不好意思地笑了笑。他可能完全忘了自己的身份，把自己当成真正的一年级小朋友了，幸好反应快，没把一同上台的那位靳昊霖同学的全名报出来，否则，可能有同学会笑掉大牙。

接下来，“新生代表”讲话，讲了一些关于红领巾、关于大哥哥大姐姐之类的故事。不过，没讲几句，那位报错姓氏的罗梓昊同学就说：“我们的发言完毕，谢谢大家！”这回轮到靳昊霖同学引爆笑声了，他一脸惊讶，瞪大眼睛，侧身望着罗梓昊同学，张大嘴巴“啊”了一声，那样子好像在说：“就这么结束了？我还有好多话没讲呢！”顿时，全班再次大笑。

后来，“校长”讲话，“警官”讲话，升国旗、奏国歌，等等。开学典礼的情景模拟完全按照真正的开学典礼进行，主持词是从大队部要来的，一切演得很真实，但又没有彩排，发言稿都是扮演者临场发挥。就这样，我让学生一边表演，一边回忆开学典礼的情况，引导他们选择有代表性的人和事来说话、写作。同学们把很难写的场面描写快乐地完成了。

从这次习作指导课来看，学生兴致勃勃，课堂趣味盎然，学生能抓住重点描写开学典礼的过程，做到了有点有面，有代表性，比以往教学同类题材效果更好。究其原因，主要是因为教学活动具有美感。美感来源于实践、想象、创造。

美在于实践

教学活动开始就让学生表演开学典礼，学生乐于表演、善于表演，也喜欢观看表演。表演是用动作呈现，学生的思维培养最早就是依靠动作，动作最易被人理解。学生对开学典礼非常熟悉，表演有真实的背景做基础，观众更容易相信和接受，产生的美感更加强烈。

美在于想象

学生乐于观看表演，还有一个原因是表演利于学生想象。学生在观看表演时，用一根线把眼前看到的表演与真实的情景连接起来，这根线就是想象。在这个过程中，学生头脑里浮现的并不是真实的开学典礼的翻版，而是对头脑已有的经验表象进行加工，形成新的形象，这种形象属于学生个体独有，是独一无二的，便于提取，便于转换成自己的语言系统，这样写起作文来，就像古人说的“下笔如有神”。这种想象过程能产生属于自己独有的形象，自由、轻松，有成就感，能产生强烈的美感与幸福感。

美在于创造

老师教学设计本身要有创造性，才能够给予学生创造的机会和平台，这次习作教学，我用表演的方式开拓学生思路，让孩子通过想象形成习作必需的形象，既具有新颖性，又有实效性，还有创造性。学生在表演过程中出现的多次笑声，源于表演的学生真诚的表达，真性情地呈现内心世界，他是怎么想的就会怎么表演。罗梓昊同学记得新生代表上台给领导行过礼，所以他也要扭过身给“领导”行礼，罗梓昊同学忘我地进入了角色，所以才会误报自己的姓氏，他觉得自己没话可说了，就赶紧谢谢大家结束发言。这种亦真亦幻的情景表演就是孩子的创造。创造过程迸发出精彩夺目的火花，给孩子们带来美丽的童年生活，效果自然妙不可言。孩子们不仅写好了这次习作，还把罗梓昊同学带来的笑声和快乐写进了其他作文，所谓“情动而词发”，孩子们的创造性表演带来了无穷无尽的教学美感。

教学必须具有美感，美感促进教学活动的开展，两者相辅相成，让我们的教学活动不仅要发现美，还要创造美，更要欣赏美。

（深圳市全海小学　孙有朝）

15.“乐知”的艺术

俗话说：“好的开端是成功的一半。”孔子亦云：“知之者不如好知者，好知者不如乐知者。”有效的课堂导入不仅能很快集中学生的注意力，而且会激发学生学习的兴趣。因而课堂导入是课堂教学这门艺术中极其重要的一部分。课堂是师生间的一种对话，师生地位是平等的。在多年的教学实践中，我意识到：只有在和谐、民主、平等的师生关系中，才会感受到孩子们真正的自主；只有蹲下来与孩子说话时，才会发现孩子们原来也是这般的“伟大”；只有心中充满爱，才会感觉到教学生活是多么丰富多彩！

以下的一个小故事是我教学中的点滴再现，虽平凡，但真实，正是因为有着一颗平常之心，我才觉得跟学生在一起，让我学到了很多很多……

在教“万以内数比较大小”这一课时，我事先让学生带来了厚厚的书本，告诉他们比比看谁的书最厚、里边装的知识最多，并会当着全体同学的面给书最厚的同学颁发“最爱阅读”奖状。学生们急不可待地搬出从家里带来的厚书，寻找着书本最后的页码。“我的页数最多，有 989 页！”小李第一个把自己带来的书的页数报了出来。

“989！”我一边认可地点头，一边把数字一板一眼地写到黑板上，然后郑重其事地宣布：“这本书有 989 页，这个数可真不小哇。看来这个证书得发给她了！”

我话音未落，就听见小吴同学大声说：“老师，我的页数比她的还多，有 1002 页呢！”“1002？”我把这个同学报的数字写到 989 的旁边。“凭什么就说 1002 页比 989 页多？”小李从来不肯轻易认输：“你的都是 1、2，还有个 0，我的数都是 9 和 8，怎么不比你的大？”她的质问还真拉来了响应的伙伴，但同时也激起了更多的反对：“989 再大也没有到 1000，1002 可是一千多呢！”“1002 是四位数，989 是三位数，四位数就比三位数大！”在激烈的争论中，同学们时而独立思考，时而互相商量，每个学生的思维都伴着激情自由地飞翔。一次、两次……直到我郑重地宣布第四次，大家才心服口服地让我把奖状发给了小吴。

一节课的时间就这样不知不觉地溜走了。这节课很好地完成了教学任务，我认为，正是在课堂一开始就营造出了一种积极思考的环境，学生才能更放得开。在课堂中，我总是尽量以学生为主体，给学生充分展现自己的机会。在学生的自由讨论、自主发言、自主参与学习的过程中，学生增强了对数学知识的热爱。我想，只有尊重学生、顺其自然，学生才会学得轻松、学得愉快。

课后我在想：数学所要给予学生的不仅是逻辑思维和计算能力，还要让每一个学生

“长”出一双数学的眼睛，发现并有兴趣解决生活中无数个数学问题！体验多了，信息丰富了，课堂活跃了，探索有价值了，孩子们的兴趣浓了，数学也就不再枯燥了。只有这样，学生成为学习的主体才不是一句空话；只有这样，学生的个性才能在学习活动中尽情地舒展；也只有这样，学生的思维才能在激情的陪伴下自由飞翔！

（深圳市全海小学　余苑琼）

16.让学生教育学生

——难忘"一道习题的教学过程"

今天上午我在三年（1）班上了一堂数学课，感觉真好，好久都没有这么"爽"过了。教学内容是"商不变的性质"第二课时，其首要目标是复习巩固、加深运用"商不变的性质"来解决实际问题。

整个过程给我印象较深的是对教科书上第70页第21题（带星号）的教学。

在板书完题目 $400 \div 25 = (400 \times 4) \div (25 \times 4)$ 之后，为了开放学生的思维，我问："看到这个等式，你想说点什么？"立即有学生非常直观地说"左短右长"，随后便没了声响。为了不浪费课堂上宝贵的40分钟，我做出指向："能不能说得再深入些？"大部分孩子显然听懂了我的话，在思索……

不久，陈嘉睿说："被除数和除数同时扩大了4倍，商不变。"我很高兴有人说得那么好，陈平时给我留的印象是学习分心、讲小话、少举手，想不到他来了个"该出手时就出手"。但很遗憾——没听到掌声。至今我还在反思：是对上节课的学习印象不深，还是没进入状态？不得已，我又做了细细引导，其目的是想唤醒孩子们"沉睡"的记忆。

几个来回中，赵桐对右边算式读法的回答给我留下深刻记忆。当时她说："400乘4的积除25乘4的积。"对此，我既喜又忧：喜的是赵的成绩排名中等，能说成这样，说明其具备一定的融会贯通能力；忧的是又出现一个把除号读错的学生。平时我反复强调：算式中的乘号，读作"乘"或"乘以"都没太大关系，但除号按从左往右的顺序，只能读作"除以"，按从右往左的顺序，才能读作"除"。尽管如此，还是可以看出乘号读法的负迁移异常顽固。

有越来越多的学生对此表示有不同意见，不过我最终还是把机会给了赵——让其"改过自新"。赵不负我望，可惜的是声音太小，其他学生很难判断对错，我不得不叫赵附近的积极分子——数学科代表王欢来读，其效果不凡，掌声热烈。不过，课后我一直在思考：有没有办法使一个平时就轻声细语、课堂上更加细声的孩子变得"大声武气"呢？

针对孩子们的掌声，我问："读得好吗？""好！""好在哪里？""声音大，听得清。""以后我们都像王欢那样大声表达，行吗？""行！"孩子们的声音果然大了许多，响应很即时。

"不怕说错吗？"为了进一步提高学生的胆量，我追问道。李旷回答："你说过，总比不说好。"至于为什么"比不说好"，我没再追问，因为平日里反复多次，想必李旷的话可以引起触动。

从后阶段的学习可以看出：当这句话出自学生口中时，其效果明显比我说要好。因为本节课上举手的、质疑的都比以往多了。由此看出，平时无论是学习科学知识，还是进行思想品德教育，都应充分发挥学生的主体作用，让学生“教育”学生。

接下来，我提出“能口算 400 ÷ 25 的请举手”，结果正好是我预料并“期待”的：举手人数为 0。随后我继续说到：“看来同学们一时还解决不了，不过对于（400 × 4）÷（25 × 4）这个算式，你们能口算吗？”稍后，有学生举手回答“16”。我继续：400 ÷ 25=？为什么？

一个学生站起来用“商不变的性质”回答了我提出的问题。不过，掌声还没消失，钟润就举手质疑“为什么要乘 4”。对此，我暗自高兴：一是由学生说出了我想强调的知识点；二是该问题突出体现了“商不变性质”的实用性。钟使我进一步感受到“提出一个问题相对于解决一个问题的重要性”。因此，我马上接应：“对啊，为什么非得要扩大 4 倍呢？”同时想引起广大学生的关注。

有学生说“简便”，由于不知道学生对此理解的范围有多大，我又问“是这样吗？”此时孩子们的眼球都纷纷投向了黑板，一个学生举手说：“除数是 100，当然简单啦。”

随后，我出示 800 ÷ 25=？ 625 ÷ 25=？两题来巩固这一方法，绝大部分学生掌握得不错。最后，我照样把归纳小结的“权利”交给学生，我说：“结合前一段的学习，你想谈点什么？”话音刚落，便有不少学生举手了。陈小萌说：“利用商不变的性质，可以使计算变简便。”也许是陈说出了多数孩子的“心声”，接下来大家无话可说，也没人举手质疑，我有点失望。

“冷处理”有时会起到意想不到的教学效果，我对陈的话不置可否，大约有 1 分钟，我没做任何指示，等待终于有了回报。

刘昌博举手说：“不是所有的计算都能简便吧？”紧接着又有学生说：“对啊，当除数是 23 时，就不能变成 100 或 1000 什么的了。”……

如今的课堂教学，强调“互动”，笔者认为不仅要有师生之间的交往，更应该体现学习个体之间的碰撞，因为当这种碰撞来自学生时，更能触动孩子们的思维深处。动态生成的课堂才是有效的，教师的职责之一便是通过敏锐的嗅觉、良好的组织能力来引发这种碰撞。

（深圳市全海小学　郝渝娟）

17.让学生在课堂上动起来

今天的语文课，我要上的内容是苏教版三年级上册的《古诗两首》，教学前一首诗《山行》，我采用的是以往常用的教学步骤：知诗人解诗题，抓字眼明诗意，想意境悟感情。咦，这才第一节课，学生怎么就懒洋洋的？叫他们说诗意，举手者寥寥无几，场面如此冷清，我有些沉不住气了："小红花最喜欢爱动脑筋的孩子，谁是爱动脑筋的孩子，我请他来说说这首诗的意思。"场面还是不热烈，我的手心有些冒汗了，一定是自己的教学策略不适合他们，我想起刚上课时，我才写出诗题，就有学生在下面嚷嚷：老师，我已经会背了。确实，现在的孩子，家长都重视他们的早期教育，像这种不太生僻的古诗，许多孩子两、三岁就会背了，也难怪他们没热情。新的课程标准提倡学生"自主、合作、探究"的学习方式，但怎样才能激发他们的探究热情呢？突然，我想起了特级教师于永正先生教学古诗《草》的方法——画诗，顿觉眼前一亮。

因此，学第二首古诗《枫桥夜泊》时，我调整了一下教学策略，还是那些学诗步骤，我请同学们自己按那些步骤自学，自学中遇到困难，小组讨论解决，在初知诗意的基础上，我请学生把这首诗画出来。并且，我还以前首诗为例，教他们简笔勾勒、表达画意的技巧。学生们很有兴趣，有个小女孩是用彩笔画的，画面很清爽：一轮金黄的圆月，火红的江枫，几点昏黄的渔火……我把这张画在投影仪上展示出来，叫学生根据课文诗意评画，许多孩子赞不绝口，其中有一个孩子却站出来表示异议：老师，她画错了，从"月落乌啼霜满天"，我们知道月亮是落山了，"月落"嘛，而她却画了一轮金黄的圆月，这是不可能的。接着，另一个孩子又站起来说：老师，我觉得"月落"解释为"月亮落山"也不妥，因为最后一句"夜半钟声到客船"中的"夜半"告诉我们，这是半夜，半夜时月亮是不可能落山的，因此，我认为"月落"应该解释为"月亮被乌云遮住了"。我充分肯定了孩子们肯动脑筋，课堂开始活跃起来，又有学生站起来指出：老师，她画的火红的枫叶也不对呀，我从"夜半钟声"和"枫桥夜泊"两处知道，这是夜晚，从"月落乌啼"一句知道没有月亮，一个没有月亮的夜晚，到处黑乎乎的，怎么能看见枫叶是火红的呢？教室里响起一片热烈的掌声，又一个孩子站起来叫道：老师，那书上也画的是红枫叶，书上也画错了……

《古诗两首》一课，给我留下了深刻的印象，接下来，在《西湖》一课，我又采用了画一画的教学方法。但考虑到这一课生字多、生词多，长句子也多，我花了一节课指导孩子预习课文，读通课文，第二课讲到第二自然段时，我调整了一下策略，就是让学生读，我来画，但有意留下空白点和画错处，然后让学生评价讨论修改。具体情形如下：

师：小朋友们，现在，我们三（2）班旅游团的团员们已“在柳丝轻拂的西湖边放眼远眺”西湖的美景了，你们看见了什么？请读……

生读：只见湖的南北西三面是层层叠叠、连绵起伏的山峦……（师叫停，并随机在黑板上标了一个方向指示，并在其下用红笔勾出了西湖的南北西三面是连绵起伏的山峦的简笔画。）

师问：小朋友们，我画得怎样？

生：老师，你没画出“层层叠叠”来，“层层叠叠”应该是山外有山。

师：那你来试试！（学生上来在黑板上用白笔画“层层叠叠”。）

师：同学们，他画对了吗？

生：画对了！（学生鼓掌。）

师：真的画对了？（学生面露不解。）

师：请同学们接着读课文。

生接读：一山绿，一山青，一山浓，一山淡，真像一幅优美的山水画。

师点拨：同学们，刚才的同学和老师用的粉笔颜色对不对呀？

生：（恍然大悟）不对。

（学生纷纷举手要求上讲台重画，老师请一名学生上来重画，他用绿色粉笔画近处的山，画得重一些，用蓝笔勾勒远处的山，画得轻一些。）

师：你为什么要这样画？

生：因为“一山绿，一山青”嘛，“青”就接近于墨绿和深蓝色，我就选了蓝粉笔，而且我观察过远山，近处的山要绿些，远处的山颜色就是“青”的，所以我用蓝笔画远处的山，而且远处的山有雾啊云啊遮挡，远得看不清，所以我就画淡些，近处的山呢，看得清楚，颜色也分明些，所以我画浓点、重点。

师：他画对了吗？

生：画对了。（下面响起热烈的掌声。）

师：这就叫——（学生接读：一山绿，一山青，一山浓，一山淡，真像一幅优美的山水画。）

就这样，我引导孩子们边读边画，边画边读，孩子们的探究热情被激发出来了，学习兴趣空前高涨。

动手画一画既可激发学生的空间想象能力，促使他们把课文文字还原成画面，促进学生对课文的理解，也可考查学生对关键词语的理解是否到位，更重要的是在动手画一画，然后在全班或小组展示、交流的过程中，他们会就画面中某些画不达意的方面展开讨论，乃至争论，从而引发他们探究的热情，他们会为自己的发现，自己与他人的分歧去进一步地读课文、查资料，乃至引发他们更多自主的学习活动。

通过这两节课的教学，我充分体会到课堂上让学生动起来的重要性，此后的教学中，我不仅经常给学生提供动手画一画的机会，更多的时候，我们还演一演（动作性强、情节性强的课文可指导演课本剧），还有动手比一比、动手查一查（课前课后查阅与课文相关的资料）、动手找一找等。

例如：教学《做一片美的叶子》一文时，课前我就布置学生找一找各种形态的树叶，然后集中分类贴在一张白纸上，做成树叶标本。上课时，不用多讲，看看自己收集的树叶标本，学生就理解了什么叫叶子“形态各异”，什么叫“找不到两片相同的叶子”，什么叫“嫩绿”“葱翠”，什么样的叶子才叫“肥美”，一目了然。

总之，无论是画一画，还是比一比、查一查、找一找，只有让学生课内课外都动起来，在动手的过程中，他们才会发现问题，只有发现了问题，他们的探究热情才会被激发，在探究的过程中，在动手找答案的过程中，他们的学习能力也就无形中得到了提高，良好的学习习惯也就慢慢形成了。

（深圳市全海小学　彭小芹）

18.书法在生活中

书法是中华文化的瑰宝，中国人以汉字为傲，以汉字书写陶冶性情，修身养性。我从事书法教学，常常思虑如何从书写中让孩子们感受到修身？如何修身？从哪些具体的地方可体会？

一次上五年级的课，课后我在教室和孩子们聊天，让孩子帮我从同楼层的办公室倒杯水。孩子们都抢着要去，我看了看，点名让其中一个男孩子尹政去帮我，尹政课堂听讲比较专心，回答问题积极，就是书写时有些急躁、粗心。周围的孩子不知道我为什么点名要尹政去，有几个孩子马上就说：“老师，别让他去，他很粗心，万一把你的杯子摔破了呢？”我看着尹政说：“不会的，我相信你能帮我的！”见我不信，孩子们又继续补充：“老师，尹政上课常常忘带课本、笔，有时还穿错别人的校服。”我把杯子递过去，尹政怯怯地接过杯子倒水去了，离开教室的时候还回头看了看我。很快他就回来了，第一杯水很烫，我喝不了。孩子看着我，迅速去帮我倒来第二杯水。第二杯水太凉，我肠胃不太好，放在一边没喝。孩子们问我怎么不喝，我说出原因后，尹政马上又去倒来了第三杯水，温热的，我喝完后长长舒了一口气，看着尹政说：“谢谢你帮忙！我的嗓子舒服多了。”他腼腆地说了声不客气，正转身要走，我喊住了他。他望着我，我微笑地看着他，一言不发。他有些不解，周围的孩子们也不解。我让他在我对面坐下，然后说：“刚才跑了三趟，辛苦你了！我就相信你能帮我的！”他不好意思地低下了头，嘴角带着微笑。我握着他的手说：“刚才三杯水，我看到你不仅会思考，而且还非常细心，是不是？”他看着我，不说话。我继续鼓励他：“你看这第三杯水，水温正好，我一口气就喝完了。要是你的书法练习也这样细心下来的话，肯定写得更美了！”他用力地点了点头。

第二周上他们班级的书法课，讲课内容是三点水和两点水。三点水在书写时，要求上两点要靠近些，体现上紧下松的特点。我特别留意观察尹政的练习情况，笔画都写对了，可是位置写错了，三个笔画距离均分。我提示同学们观察三点的距离，然后进行“查错改正”环节。尹政抬头观察了一会儿，改正的时候，依然没写出上两点的紧凑。我走近他身边，用红笔将他的第二点重写，并在旁边写下了“三杯水”，他笑了。再练习的时候，他写对了。我及时鼓励他：“不仅要把笔画写对，还要写准笔画的位置。这样才能体现出细心。”我紧接着让尹政给同学们板书示范，在全班表扬了尹政的细心：“倒水要细心，书法也要细心！”于是，有同学就抢着总结了：“老师，我知道了，书法在生活中！”后来，尹政同学越来越喜欢书法课，并在练习中常常指导低段的同学学习。

这让我在以后的教学中，进一步去思考如何让书法贴近孩子们的生活，从而更加激发孩子的学习兴趣，更深入地体会书法学习，懂得书法的道理，并和生活相融通。

（深圳市全海小学　胡二帆）

19.书法养心

从事书法教育工作初期，总以字帖为本，让孩子们临摹，要求就是越像越好。渐渐地，孩子们对书法没兴趣了，临摹太枯燥、太乏味。只是偶尔有重视书写的家长会逼迫孩子长期坚持下去，大部分孩子都半途而废了。其实，这就是目前的书法教育现状，书法教师众口一词，都在强调古人练字的通途唯有临摹。

我常常不解，书法练习，可修身，可养性，可怡情，为何孩子们坚持不下去呢？为什么孩子们体会不到书写的乐趣呢？

有家长和语文老师问我：写笔画的时候可以不要顿笔吗？孩子顿笔以后，笔画好丑，都不认识了。我解释说笔画有了顿笔才美，顿笔变丑了，是因为初学时顿笔不熟练、力度控制不好，多花些时间逐渐能变好。家长是理解了，可孩子们在书写中，还是不愿意顿笔。常常是笔画写得美，写字的时候，笔画就不顿笔了，回到了一般写字的状态，我很苦恼。

有一次在一年级的课上，教学内容是横的写法。一个孩子说："老师，顿笔好麻烦，不顿笔才简单。"课后，我细细琢磨孩子的话，我该如何才能说服他呢？有顿笔才美，已经不能让他信服了。关键是，他说的对！不顿笔，笔画书写起来简单啊。我翻阅书法理论，想试着找出古人在这方面的解释，结果徒劳无功。我的书法学习经历中也没看到和听到过相关的说法。那究竟古人为什么要将简单的笔画变复杂呢？一横就能结束，为何要在横的开头、结尾加顿笔？简单、复杂，我念叨、思索……古人的书法理论找不到答案，我就找同行的几位前辈请教，答案都是：有顿笔才美，古人一直就是这么传下来的。古人、古人，可我面对的是孩子，七八岁活蹦乱跳、精力充沛的一群孩子。谁能帮帮我？

直到暑假结束的时候，我认识了一个园长，她说了她的暑期书法学习经历，我才茅塞顿开。她暑期参加了一个国学班的学习，其中有书法课程，2 个月的书法作业带回来了。我打开一看，细细翻阅，居然厚厚的几百张纸都在写一个笔画——横。我大吃一惊！困惑地看着她，她反而笑眯眯地看着我。因为 2 个月写一个横，这是我头一次听说这样进行书法教学的，根本不合常理，没有哪个书法老师敢这样上课。

我好奇地问园长："你这横已经写了几千个了吧？"

"我这才写了 3000 多个，还早着呢。"园长告诉我。

我接着问："我看你的练习，大约写到 100 个的时候，方法就已经掌握好了，300、500 个的时候已经熟练了，有必要坚持 1 万个吗？"

园长说："老师要求写 1 万个横，没完成的话，不许写其他笔画，更不许写字。"

这老师的教学，可谓奇特！接下来，我陷入了深思。明明已经会写，并且书写熟练了，为什么还要坚持写？不是在浪费时间吗？老师的用心，究竟是什么？为什么这样安排课程？

站在老师的立场，老师发现了什么？要帮助去除什么？成年人思虑重重、心浮气躁，老师是希望大家能凝神静虑，这就是书法的修身养性。似乎应该还有什么才对！是的，方法会了，还要练习，目的是什么呢？耐心和毅力！佛语：世间一切法，一切唯心造。我回忆起孩子的话，简单变复杂，笔画写得有耐心，所以才要起头、收尾，有始有终才是耐心！终于找到答案了！我喜出望外：顿笔就是磨炼我们的耐心！古人的智慧在这里！

在后面的教学中，我不断地深入研究、细致思考，书法带给我们的修身养性一定有可以具体操作的、让孩子们能直接体会的东西。日积月累，我发现了书法的秘密：笔画是磨练耐心的，结构是让我们学会细心的，学做谦谦君子与人和谐相处，做事专心致志、心无旁骛。

感谢我的学生，感谢一路遇到的人，帮助我找到书法教学的真谛！帮助我领悟教育的真谛：启迪心灵！书法养心——耐心、细心、专心，以书育人——品质、态度、方法。

（深圳市全海小学　胡二帆）

20.细心浇灌，等待花开

修完产假回来，学校安排我教四年级2班。关于这个班，我略有耳闻：因为种种原因，频换班主任，我是第4任；语文老师更换更是频繁，有学生粗略一算，我是第7个……有经验的老师都清楚，这样的一个班势必散漫，接到任务的我不禁深吸一口气——既来之，则安之。

第一堂语文课，我想摸个底，就在全班进行了一次听写，难度不大，就听写10个词语，结果却让我大吃一惊，全班40个学生，全对的不足10人。看着这样的结果，我不禁发愁：虽说成绩不代表什么，但“万丈高楼平地起”，基础扎实还是很有必要的，再说，小学语文说小了，不就是字、词、句、篇……唯一让我感到安慰的是：学生的书写不错，工整、规范。原来班上有近一半的学生一直跟着书法老师练书法，看来学生的素质还是不错的，那应该如何提高他们的基础呢？我采用了一个笨方法：磨！

每天早上7点45分，我都会准时出现在教室，安排早读内容，指导组长如何收作业时不影响同学早读……不得不说，榜样的作用是无穷的，有了老师的亲自示范，学生终于找到感觉，朗朗书声响起来了，再不像一盘散沙似的，到校后无所事事；每天中午，我都会根据教学进度安排午抄，而我在14点10分也会准时进入教室，讲台旁边放着一套桌椅，那便是我的专座，学生抄完，我及时批改，要求学生及时校正……一个月下来，学生们的听写正确率明显高了许多，其他作业的正确率也相应提高了。细心的家长感受到孩子的变化，纷纷给我打电话、发信息，还有家长夸张地说：“张老师，我终于体会到什么叫有妈的孩子像块宝了！”

四年级的学生，如果只把视线盯着书上的几十篇课文，是远远不够的，为了扩大学生的课外阅读量，我每周安排学生背诵一、二首经典古诗词，早读课上，我亲自检查；此外，我充分利用学校统一为学生订购的一套“主题阅读”丛书，每周安排一堂课，主讲里面的内容，每月布置一、二本的课外阅读，内容包括中外名著、历史童话等，并在月底安排时间进行阅读汇报……

时光荏苒，这个班的学生马上就要进入六年级，我在班上的一系列举措，也坚持了两年，在这两年里，我一如既往地重复这些工作。天道酬勤，孩子们的付出没有白费，他们的字词基础扎实了许多，阅读能力也得到了显著提高，最喜人的是，在校、区的各项比赛中，班上的孩子均能获得佳绩……

老师是什么？不就是在学生学习路上感到迷茫时的那一盏指路灯吗？我深信，种什么花，便会结什么果。

（深圳市全海小学　张丽华）

21.心随生动

从教以来，我越来越乐意仔细观察学生的言行举止，更加注重去分析他们的内心世界。学生的一言一行、情绪变化，经常会悄悄打开我的创新之门，学生的特殊表现给了我更多构建教学的灵感。我的心逐渐被学生系紧，工作的激情被学生一次次引燃，给看似烦琐而平淡的教育教学活动增添了一抹抹崭新的色彩，留下了一页页美好而特殊的回忆。

心随生动，让我从中体验到了教与学本应有的和谐，让我在师生互动中感觉到了更佳的教学切入点。就在今年中秋节那天，我又和学生经历了一次有意义的教育历程。

那天是中秋，下午还有一节语文课。在节日气氛包围下，我想同学们肯定早已在盘算中秋月下的节目了，这节课上起来恐怕有点难度。上课前我还给自己提了醒：在洋节泛滥的今天，我应该首先重视起这个传统佳节，那今晚就不布置家庭作业了，也算是我这个中国人为培养孩子们尊重民族传统文化尽一点心吧。就在我暗自嘀咕走进教室之际，发现教室里情况果然有点反常，有几个学生好像在热烈地讨论某个有趣话题。作为班主任，虽不能说做到神机妙算，但像这种现象，里面肯定有什么文章。

“今日何事如此情绪高涨呀？”我刚踏上讲台便单刀直入对着那几个活跃分子发问，顺便扫视一圈看能否找到其他线索。岂料四周鸦雀无声，只有刚才那几位面面相觑。我又连忙问平日里巧舌如簧的沈适宜，他也变得支支吾吾，只是不停地扭头斜视洪珂昀，仿佛在等着这个机灵女生的某个指令。我马上掉转矛头指向洪，只见她手心正揉着一团纸，就像之前做错了事而显得惊魂未定，嘴上一张一合，又似欲吐还羞，感觉她有话不敢说出口。

“怕什么，就说了吧！”旁边的调皮鬼李冬平为她助阵。

“又不是什么坏事，告诉老师又何妨！”沈适宜终于贫起嘴来。

“那我就全说了。”洪终于一展往日的神采，细细道来。

哦，原来她了解到同学们都说中秋节越过越无聊，就是吃吃月饼望望月亮，因此她就为同学们设计了一个活动：在中秋夜到住宅小区中心广场举行聚会，并且还草拟了一份通知，正在手中揣着。没想到这份通知还没在全班传阅开就被我发现了，她怕我反对而不敢坦诚相告。

我边安抚她不用紧张边看通知，看罢顿觉漏洞不少，我眉头一皱，计上心来：反正下午这节语文课同学们的思绪早被月亮牵走了，我不如……

我首先表扬了洪的构想颇有创意，又借故说帮她发布通知，把她写的《通知》展放在投影中。不一会儿，几个同学就发现了问题，我故作惊讶状，让同学们继续检查帮忙修改。

通过众人的齐心协力，不一会儿，一份格式准确、内容恰当的通知书便出来了，我又接着让同学们回忆总结一下写通知书的注意事项。这一下，他们又对此加深了印象。

通知书全班皆知了，感觉大部分同学都挺响应的，那一双双渴望得到老师首肯的目光包围了我。难道我就这样轻易答应他们吗？我沉思了一会儿，又施了一计：对！让他们紧接着展开辩论，辩题就是《中秋夜和同学聚会度过合不合适》。

我把想法一说，全班马上就沸腾了，他们迫不及待地摆开了架势，你一言我一语，顿时进入了状态。我暗自得意，又添上一句："此项活动能否开展，首先看看正方能不能以充足的理由说服反方，然后再做定夺。"

我话音刚落，那些正方看到了希望，几个先锋连拍胸脯，打包票一定能赢，而这稀稀落落的反方同学显得气不足，力太薄，急向我求援。我看这"火"已点起，又将了正方一军：我也是反方的，你们别想轻易过关！

"没问题！老师，我们赢定了！"占班级人数三分之二以上的正方来势汹汹，辩论也就展开了……最后，如我所料，正方同学的理由确实充分合理，这些整天被关在家学习的孩子们也确实需要"放风"了，我也希望他们能像我小时在农村一样，和伙伴们尽情"撒野"。我借故难以抵挡他们的辩驳，就顺水推舟地引入了下一个"伏笔"。

"同学们，如果真的出来聚会，那该注意些什么呀？"

好家伙，他们仿佛一下子就长大了，什么需要家长同意、安全问题、食品搭配、零用钱使用、节目安排、聚会地点时间等一古脑全想出来了，且说得头头是道。

"老师，您放心了吧！""老师，您满意了吧！"

一个个自鸣得意，仿佛胜券在握。学生们怎知我早已想到第二天的习作课去了。我又窃喜找到了他们明天写作的宝贵题材，那就是这次辩论会和他们的中秋聚会。辩论会的一幕幕激烈场景想必他们不会次日便忘，而聚会该让他们怎么过才更充实呢？我望望班上的几个始作俑者和机灵鬼，又撒了一招"要想举行聚会，除非你们能拿出一个有益多彩而又安全可行的活动方案来，请你们抓紧讨论构思……"

那些想玩的学生又忙乎开了，原本不想参加的同学也经不住诱惑一个个帮上忙……

这个中秋夜的聚会如他们所愿顺利进行了。那晚，我偷偷去到学生们活动的地点，远处凝望着他们欢蹦乱跳的身影，听到他们快乐无比的笑声，我也笑了。第二天的习作课，我刚布置了题目，全班同学都会心地笑了，他们也一下子理解了我前一天的"异常"表现，明白了我的"别有用心"。而这一次的作文内容他们也写得特别充实精彩，让我又一次感受到了灵活处理课堂教学带来的良好效果，我又情不自禁在心里表扬了自己一番。

一次又一次类似经历，使我常生感慨：孩子们啊，是你们经常给我带来了课堂生机，触发了我的教学灵感，在工作中，我的心就这样不知不觉被你们所系，我的心愿意永远如此为你们跳动！

（深圳市全海小学　张凌波）

22.信息技术课教学故事

学生最爱上什么课？就是我所教学的：信息技术。学生爱上信息技术课，这种爱往往表现在爱玩游戏，或者上网聊天、看 Flash 动画。而对一些基本的知识、技能却不愿认真地学习。因此，在教学过程中要精心设计导入，诱发学生学习动机，激发学生学习兴趣，从而达到提高教学效率的目的。

“授人以鱼，不如授人以渔。”在我的教学内容中，既注重传授知识，又注重让学生理解电脑独特的思维；不仅要会使用电脑，还时常想一想，为什么要这样设计，这样做有什么好处，这个程序有没有更好的设计思路。

我在课堂上教学的重要任务之一，就是激发学生的积极思维，尤其是创造性思维，鼓励学生大胆地质疑，做出别出心裁的答案。学生智慧的激活，会反作用于教师和其他学生，使其能在更高层次上积极思维，从而在师生、学生间积极思维的互动中，不断闪耀出智慧的光芒。师生可从中尽情地去体验教学、创造美的乐趣，并可获得教案目标之处的收获。在课堂教学中，我们关注知识的结构和学习的认知结构，使学生学到知识并获得能力的迁移，使这些结构具有适度的灵活性。在课堂教学中，让学生进入主体角色，成为主角，从而成为知识的主动探索者。

（深圳市全海小学　周斌）

23.燕雀安知鸿鹄之志

今天，我上课讲到《积累与运用》中的《鹏程万里》这篇短文。我首先握住一个学生的手，说："听说你考上了清华大学，祝你鹏程万里。"再面向学生们问："谁知道这个成语的意思？"马上有人说，就是前程远大的意思。我让他们讲述这个成语故事，大家都讲得很好。孩子有问题了："为什么大鹏要飞这么高呀？"有同学就说："那是因为他们有远大的志向，要在更辽阔的天地里飞翔。和燕雀相比，大鹏是那些有远大理想的人的代表。"杨天行提出不同意见了："我不同意，大鹏本身的翅膀就有三千尺，所以它就飞得高、飞得远，而燕雀本身就小，你叫它怎么飞呀？这个还是有外在条件限制的，燕雀只有那样的能力，只能飞这样高，而大鹏一生下来就可以飞得高、飞得远的。两者本身就存在很大的差别。"他的话，博得了包括我在内的全班同学的掌声。

我肯定了杨天行对问题的不同理解，也认可了他观点正确的一面。接着说："如果本身就是大鹏，而自己又像燕雀一样满足于现状呢？"学生们思考起来，我再问："我们班有没有这样的同学呢？""有，李想就是，李想很聪明，但他经常不按时完成作业，他就是这样的大鹏鸟。""还有孙松……"课堂上活跃起来了，"是的，杨天行的话引起了我们的反思，只有远大的志向，才会给我们的人生帆船插上风帆，才能让我们走得更远。没有理想，就没有方向，每天得过且过，混日子，就是大鹏也会退化成燕雀的。"

新的课程标准，和以前的课标明显不同的是强调语文的人文性，人文性的重要内涵就是尊重人的发展和人的需求。对孩子而言，老师在教学中应该尊重和理解学生，但也包含对他们适时的引导和矫正，这些，都是人文性的具体体现。而这些不经意的细微引导，比那些单纯的说教应该更润物细无声。

（深圳市全海小学　高美慧）

24.一条美丽纱巾的故事

“蓝天蓝，白云白，好像海里飘帆船……”晴朗的日子里，深深的天空总是像大海一样湛蓝，而朵朵白云则犹如那大海里浮动的白帆。每到那时，耳边就会回响起这首纯净甜美的儿童歌曲，而我，会取出我最心爱的一条黄白渐变的柔丝纱巾装扮我的生活。每每戴上这条对我来说有特殊意义的丝巾，我的思绪就会随那白帆在大海中荡漾，总是会回到八年前的一堂至今还影响我的小学音乐课……

那是初春的一天，我戴着这条崭新的纱巾走进了二年级一班，开始了《云》的歌曲教学。这是一个特殊的教学班，其特殊之处就在于该班的整体演唱水平与其他平行班相差很多，所以每次授课时我都会注意学生这方面的能力培养。这天当然也不例外，从音乐律动到解决歌曲节拍感受的音乐活动，一切都在我的教案计划之中并按部就班地进行。歌曲授课开始了，我们先在音乐活动中熟悉歌曲旋律然后开始歌词教学，为了让孩子们能用甜美的歌声正确地表现歌曲中流畅、优美的音乐形象，我事先想了很多办法，除了精心准备的一段段启发孩子们优美歌声的教学语言外，还有范唱欣赏、卡通贴图、师生对唱、歌表演等教学环节，本以为一定会成功，可是大半节课下来，孩子们的歌声还是干涩的，没有达到预期的效果。我感觉到自己的情绪开始急躁起来，就临时让孩子们再静听一遍范唱，自己则想抓紧时间整理一下教学思路。当歌曲前奏那抑扬顿挫的旋律想起时，一阵调皮的春风钻过窗户轻轻地吹了进来，胸前的纱巾也随风舞动了起来。看着轻舞的纱巾，我突然想起了自己晚上在公园练习纱巾舞的情景，一条条轻妙曼舞的纱巾常常会引来许多观众驻足观赏和喜爱，那么，在今天的课堂上，我何不借助纱巾道具来解决表现优美舞蹈动作的教学难点呢?

就这样，我解下纱巾跟着音乐跳了起来，纱巾随着歌声轻舞着，而我则尽力地用舞姿、用歌声在孩子们中间表现歌曲所应有的甜美、轻盈的感觉。奇迹就在那一刻发生了，我清楚地记得孩子们当时的反应：刚开始他们只是惊讶，对老师的新举动行注目礼，没过多久，就有同学站起来跟着音乐用甜美的歌声唱了起来。一遍过后，我马上对主动参与表现的孩子给与了表扬，并要求孩子们在第二遍时能注意纱巾飘舞的感觉，把这份感觉带到歌曲的演唱中。这一次，他们的歌声更自然、更优美了，有的孩子还边唱边情不自禁地舞了起来。我下意识地感觉到今天的教学会对改变二年级一班的演唱水平有帮助，就在后面的表演唱活动过程中偷偷录下了他们优美的歌声。当我让孩子们听自己的歌声录音时，我从孩子们的眼神里看到了春天阳光般的笑意，那笑意里有他们成功的喜悦。

那节课以后，二年级一班的孩子们深深地喜爱上了音乐课，音乐整体水平也有了特别明显的进步。而我，在每次备课时，纱巾的故事都会提醒我尽可能地设计孩子们喜欢的、容易接受的音乐教学活动，上课时我也会尽力捕捉那些一闪而过的教学灵感，使课堂充满活力，让孩子们在良好的教学氛围里获得音乐的体验、感受音乐的美感并创作表现音乐以提高音乐能力。

如今，虽然他们早已离开了母校，但是在我的记忆里，却永远地珍藏着这则纱巾的故事，它将和那条心爱的纱巾一起陪伴我在知识的浩瀚海洋里播撒春天的希望。

（深圳市全海小学　全姣莉）

25.一贴膏药

“爱是一种伟大的力量，没有爱就没有教育。”教育大师陶行知说。作为一名平凡的教育工作者，我深深懂得，教育是爱的事业。这种爱是“一切为了学生，为了一切的学生，为了学生的一切”的博大无私的爱，它包涵了崇高的使命感和责任感。爱是一种信任，爱是一种尊重，爱是一种鞭策，爱是一种激情，爱更是一种能触及灵魂、动人心魄的教育过程。教师应当有爱的情感、爱的行为，更要有爱的艺术。

刚刚休完产假回来，学校把我调到四年级，已经好多年都徘徊在低年段的我，对大孩子的教育有些陌生。拿到名单，只见有一个名字被上一任的班主任做了个明显的记号，心里清楚这或者是个人才，或者是个捣蛋分子。赶紧和原任班主任交接，果然，这是班上头等人物，被各科老师列入“黑名单”的彭凯商。多方打听，知道这个孩子三年级下学期才转来，据说还是被原学校踢出来的，来到我们学校，除了每天欺负同学外，每个科目都是D等，语文成绩一直停留在个位数，连体育课都是不配合的。这号人物，该如何是好？前任老师善意提醒：你最大的任务就是看好他，别让他伤害到其他同学导致什么大的安全事故。听到这样的介绍，心里自然是发怵的，但又能奈何，再怎么抗拒，他也总是有受教育的权利，不能剥夺。既来之，则安之，静观其变吧！

跟新的班级同学见面了，我一眼就瞅到了这个膀大腰圆，黑黝黝大高个儿，讲起话来，声震耳膜，看起来，确实不像善类。在每个孩子自如地做自我介绍后，轮到他时却坚决不站起来，只是嘟囔了一句“彭凯商”，然后就没了下文，其他同学似乎对他这种状态也习以为常了。看来，这个孩子已经在同学们之中横行霸道惯了。

紧接着，麻烦不断，几乎是一下课就有同学跑过来打小报告，都是这一个人的名字。“彭凯商上课扯我头发”，“彭凯商乱画我的书”，“彭凯商在洗手间乱泼我的水”，“彭凯商下课故意踢我一脚”……几乎，我每节课间都得找他谈话。而他的态度呢，眼都不大抬起看我一眼，或者一副“就这样，你拿我怎么办”的模样，更或者他眼红脖子粗的，拳头握得紧紧的，一副马上要干架的架式。更可气的是，不论是找他多少回，他的投诉只增不减。看来，我只能请杀手锏，搬家长了！于是，有一天，我请了他的妈妈来学校，一进办公室，妈妈就用方言边说边数落，而他也在一旁不断争辩。看来，妈妈的教育在他心目中也是无用的。听妈妈说，他平常也怕他爸爸。第二次，我又特地叫来了爸爸，父子俩在办公室一见面，说着说着，就都像红了眼的公鸡，两个人攥紧了拳头，一副剑拔弩张的样子，我赶紧支开了孩子。通过观察，这个孩子的家庭教育也是很有问题。妈妈的苦口婆心他嫌烦，对爸爸的棍棒教育，他尽管有所畏惧，但已经有了反抗的意识。所以，父母也是拿他没有办法。

我的说教不管用，父母的方法也是徒劳，如果放任不管，不仅是他就这样荒弃了，更严重的是他的这种行为会给整个班级带来很不好的影响。如何才能行之有效地把他改变过来呢？我刚开始也是千头万绪找不到一个好方法。有一天放学，我进教室去检查卫生。孩子们都只顾着完成自己的这一部分任务，做完就迫不及待地走了，我却发现这个大高个，很细心地把讲台整理得井然有序，而且在出门前还向我深深鞠了一躬，礼貌地和我道别。我心里顿时“咯噔”一下，这个大家眼中“十恶不赦”的孩子，却有着这鲜为人知的一面，我觉得我应该好好抓住这一点。

这两天，在孩子们课前演讲中，我特地绕到了文明礼貌这一点上，然后趁机把昨天的这一幕讲述给底下的同学们听，并好好表扬了一下彭同学。当时，孩子们的表情我记得特别深刻，很多孩子听到我表扬他时，脸上是惊讶的，并且目光全都聚集到了他的身上；而他的表情，我看到先是惊讶，然后是不知所措，最后变成不好意思，但目光中我看到了闪光的东西。事后，我趁热打铁，再把他叫到办公室，先表扬他昨天的表现，然后再聊一些他的家常：在家是不是经常劳动啊，是不是经常帮家长干家务啊，等等。我也观察到了他进办公室的变化。一开始听说老师又叫他去办公室，他脸上明显写着不高兴，反感。然后听到我表扬他时，他变得不好意思了，再听我跟他聊家常，他放松了，话也多起来。之后，每次听到有孩子投诉他，我还是会叫他来办公室，但不会马上就批评他，而是先聊一些别的，然后再引导到他所犯的错误上来，再进行温和的教育。如此几次，我觉得他对我也不那么敌视了，进办公室也不会有很大的抗拒情绪，慢慢地，他暴躁的脾气也渐渐收敛了很多。以后，我经常会在班级需要搬书、劳动等需要出体力的时候，故意先叫到他，然后让他带领其他同学一起去完成，事情办完了之后，我也总是会在第一时间在班级肯定他的付出，多次之后，他与同学的关系也缓和了。再后来，当同学遇到困难时，他会伸以援手，而且不计得失。同学们渐渐对他的投诉也少了。但是在学习上，他却还是一如既往地不感兴趣，上所有的课都是趴在桌上睡觉，或低着头在玩别的东西，再或实在无聊就弄一下周围的同学，语文成线也还在十分左右。

经过了解，才知道他原来读的学校一直都是对他冷处理，三年过去了，认识的字都不到 100 个，加上家庭也没重视，所以对学习越来越不感兴趣，自己也完全放弃了学习。现在要完全扭转这个局面，是相当有难度的。针对他的学习，我也试过每天利用课余时间叫他来办公室补习，第一天他很乐意，第二天也还勉强，到了第三、第四天，他就厌倦了，原来这对于他来说，是剥夺了他的课余玩耍的时间，所以很不乐意，情绪也就上来了。后来，我也只能改变方法，给他补上一次到两次课，再布置一些任务，让他选择性完成。长期坚持下来，后来，他的成绩终于突破了个位数，变成了两位数，但毕竟基础太差，虽然一直到最后都没能做到次次及格，但偶尔也会及格。各科老师也都反应，原来最差的学生，也有了变化。

有一天，我因为睡觉落枕了，上课时脖子肩膀疼，我就在课前随口说了一句，今天有点不舒服。在下午上课的时候，讲台上放着一贴膏药。下课后，小彭同学走进办公室跟我说：老师，我妈说这个贴上，效果很好，你试试看，好的话我再给您带一个过来。看着这一张小小的膏药，我心头一热！

现在，他已经毕业，但经常还会在微信上发个笑脸来问候我一声，会在我的朋友圈里留个足印。我知道一直以来我只是把他当成一个后进生，用我应尽的责任来教育他，但是他，应该是把我当成他人生中的朋友！

（深圳市全海小学　陈迎宾）

26.“意外”的收获

故事发生在很多年前，是四年级的一堂课，其中有一个活动是检验食物中的淀粉。课前我让学生准备了许多蔬菜、水果等其他食物，自己也为各组学生准备了统一的食材，以方便有一个统一的认识。当我讲完含淀粉的食物遇到碘酒时会变蓝色后，就安排各组学生研究哪些食物含淀粉。有两个组的学生将碘酒滴在土豆、红薯上后，发现并没有颜色改变，而其他小组则出现了深蓝色的变化，这就引起我的疑问：怎么会这样呢？以前还没出现过这种情况。我也有些紧张，仔细一看找到原因了。原来这个碘酒本身浓度不高，加上我兑水做了稀释，所以颜色改变看不出来。于是我赶快把浓碘酒找出来，重新做一遍，马铃薯终于变深蓝了。

经过这个小插曲，我深刻地体会到课堂教学是一个变幻多端的未知世界。上课前的亲身体验对情景预设很重要，在教学过程中，随着学生课堂主体性、自主性的增强，学生质疑、反驳、争论的机会大大增多，谁也不能预想到课堂下一秒中会发生什么，但“预设”始终要贯穿教学过程。这时我们不能只图完成教学任务，而应该充分尊重孩子们的想法，尽管这些“小意外”的发生或许会打乱我们的教学节奏，但也给我们增添了许多不期而至的收获，而学生也正是在这样不断变化的过程中得以发展。

（深圳市全海小学　胡柳军）

27.张扬学生的个性

《新课程标准》中明确指出：学习是一种个性化行动。是的，学习是学生自己的事，任何人都无法代替。作为老师并不要精心去打造自认为充实的课程教学，他只是一个学生的学习组织者、合作者、指导者，他的职责就是在创设的自然教学环境中营造一个有利于张扬学生个性的场地。让学生的个性在宽松、自然、愉悦的文化氛围中得到释放，在自由自在而又奋发进取的氛围中展现生命的活力。那么如何去张扬学生的个性呢？我主观地认为可以这样去试一试。

在课堂上张扬学生的个性

首先，在课文问题设计上，应摒弃强调“答案唯一性”，多设置一些能提供学生多向思维、个性思考的开放性问题。我在教学《爷爷和小树》这一课时，我是这么问学生的：“读了这篇课文后，你想说些什么？”这是个富有弹性的、没有标准答案的问题，学生根据自身的认识和课堂上的学习，从不同的角度，多方面做出回答，孩子们的想象力像天上的小鸟，无拘无束，有的孩子说：爷爷是个爱护树木的人，而小树呢？又是知恩图报的。有的结合第二幅插图和平日的所见所闻，提出树木能帮人们做很多事，应该爱护树木、搞好绿化等。很多学生的回答都是出乎我意料的，效果很好。

其次，我比较强调自读反思。学习过程的自我把握、反思，是学生形成学习能力，形成良好学习习惯的有效方法。如教学《四季》一课时，我首先让学生自读课文并思考，再问学生读了每一个小节后，你知道了什么？每个季节还各有哪些变化？最后让学生按课文中其中一节的样子去编儿歌，这样的启发教学，会使学生自觉地去对自己的阅读过程进行梳理和反思，使学生对课文的理解，在自我把握和反思中逐渐深入、逐步全面。

再次，运用各种教法。在课堂教学中，为了让学生真正成为课堂主人，张扬他们的个性，采用多种灵活的教学方法是至关重要的。在拼音教学期间，我将抽象的复韵母发音方法，以动画片的形式展现在学生面前，让学生自己体会练习，使他们很快地掌握了发音要领，我采用了多种练习竞赛方式，像找朋友、拼读比赛、拼音节、摘苹果等游戏，又如教学《四季》一课时，我结合课后题目，让学生将自己喜欢的季节描一描、画一画、说一说，在演、描、画、说的过程中，学生充分张扬了自己的个性。

在课堂外张扬学生个性

俗话说：“百闻不如一见。”没有什么比亲手摸一摸、亲眼看一看、亲口尝一尝更能真切地获得感受了。如在学习《秋叶飘飘》时，课前我积极做好家长工作，鼓励家长带学生走出家门去公园、野外观察大自然的变化——通过各种活动引导学生进入社会，走进大自然，使他们的语文学习与社会、自然紧密联系起来，并能通过自己的感官得到真实的感受，发表自己个性化的见解，这一课时学生积极性高，学得很精彩。

在评价中张扬学生的个性

传统的评价总是以教师为中心，教师的评价就像是金玉良言，学生都为之趋之若鹜，这对学生的个性发展显然是很不利的。

我是这样评价学生的：

首先，以父母的眼光来欣赏。

在父母的眼里，每一个孩子都是他们爱的结晶，都是他们用心血浇灌的花朵，他们把自己的理想、自己的希望都倾注在孩子身上，虽然偶尔会出现这样或那样不合理现象，但大多数父母都会在循循善诱、谆谆教导中融入自己的理想和宽容。作为教师，应该像父母亲一样，用欣赏的眼光来审视学生。把学生的每个新的动作，每句新的语言，都注以不同的诠释，尽显学生的个性。

其次，以朋友的角度来交往。

在教师与学生的交往中，是否可以以朋友的身份来交流？一般来说，朋友之间以信任为主。当教师努力成为学生的朋友后，就能进一步把评价落到实处，更设身处地地进行个性化评价，让学生在教师面前更能充分张扬其个性化。

新课程改革是历史的潮流，作为一名教师，如果不能成为这浪潮中的浪花，必然会被时代所摒弃，更何况我们的学生是活生生有血有肉有思想的人，教师应该给他们提供广阔的、自由的、自然的发展空间，这样学生的学习才能更加顺利，学生的个性也将得到充分张扬。

（深圳市全海小学　欧小华）

28.静水清流情悠悠

我是一名从教30年的老教师，我在历届家长会上都说：我希望不仅仅教孩子们学会学习，还要教孩子们会玩。虽然已经年近50岁，每次的体育活动课上，都能看到我和孩子们快乐运动的身影。我教孩子们玩躲避球、跳大绳、踢毽子……曾有同事真诚地对我说："严老师，看到你那么开心地和孩子们一起活动，我好感动呀！"

也许岁月不饶人，一节体育活动课上，我在给孩子们示范花样跳绳时，引发了左膝关节的陈旧伤，造成半月板五度损伤，医生建议做手术，尽管只是微创手术，可是至少6周不能下地走路。考虑到请假会给学校和同事们添很多麻烦，也必然会影响孩子们的学习，于是我跟医生商量，将手术时间约在了暑假期间。手术前几个月，我每天都一瘸一拐地来上班，上下楼梯时只能拉着扶梯，一级一级地挪。尽管这样，我从没缺过一节课。上体育活动课时，虽然不能再示范了，但我依然帮孩子们摇绳……

我现在所带的班级有两名特殊的孩子，女孩郁郁有一点阅读障碍，男孩冉冉属于"孤独障碍体系"的孩子。两个孩子都特别喜欢画画，喜欢翻看绘本。为了让他们感受到老师对他们的关爱，我特意为两个孩子选了适合他们的绘本，分别在他们生日时送给他们。在我的引导教育下，七班同学都像对自家弟弟妹妹一样爱护、帮助郁郁和冉冉。

随着年龄的增长，郁郁有了很大的进步，能按老师的要求完成各科作业，成绩也提高了不少。还能够勇敢地跳大绳了，尽管动作不太协调，但是她每一次跳过绳后，同学们都会为她喝彩。

可是冉冉的情况却跟郁郁不一样，刚入学时，他特别爱画火车，上课要么不拿课本出来，要么在书本上、桌子上、纸片上，甚至橡皮上画地铁。我几乎每天都和冉冉妈妈交流孩子的种种表现，耐心地纠正冉冉的怪癖，并根据冉冉的实际情况，适当放低对他的学习要求。我对冉冉妈妈说："对冉冉不能理解的复杂知识我们不能强求孩子，但是认字、写字是孩子能做到的，我们一定要督促孩子努力做到。只要孩子学会了读写，将来他长大了，心智成熟后，他就能学自己喜欢的东西。"

冉冉妈妈身体不太舒服，他爸爸考虑让冉冉转到离他家近一点的学校。我想，虽然冉冉常常会发脾气，但是几年来七班的同学已经习惯了，大家都能包容他、帮助他。如果他转到其他学校，进入一个新的环境，应该是很难被同学们接纳的。无法想象他的心理怎么能去承受那些可以预料的打击。明知在冉冉身上，我会花费很多的时间和精力，但我仍如实跟他妈妈谈了自己的看法，留下了冉冉。

一、二年级时，七班教室在一楼。一天，正在上课时一只小蜜蜂飞进了教室，学生一片恐慌，我冷静地安抚同学们不要惊慌。我说：这只小蜜蜂就像一个迷路的孩子，糊里糊涂地闯进了我们的教室，看到这么多陌生的人，它也一定非常害怕，你们越尖叫越拿书本挥舞，它越会乱飞，越可能蜇到人。你们静静地不动，它也许很快就会飞走的。孩子们依言不再尖叫扑打，小蜜蜂竟然停到了尹砺节的鼻子上，小女孩一动不动。一会儿后小蜜蜂又飞到了后排冼泊霖的眉毛上，小男孩也屏息静气，还好小蜜蜂马上就从窗户飞走了。全班同学一片欢呼，我非常欣慰：我的孩子们竟如此的可爱，如此地信任我！我也适时告诉孩子们：其实蜜蜂只有在觉得会受到伤害的时候才会蜇人，它蜇人后不久也会死去。我们要以一颗爱心对待这些小生灵。同时我还借机引导孩子们“无论在什么情况下都要沉着冷静”。

三年级后，七班教室搬到了四楼。一天下课后，一只小燕子被困在了通往五楼的楼梯间，惊慌失措地往上乱飞。我和孩子们手拉手形成人墙，让小燕子尽量向下飞。还和孩子们一起唱改编了歌词的《小燕子》：小燕子，不要怕，我们不会伤害你，请你赶快飞出去，你的同伴等着你……小燕子终于累得掉到了地上，一动不动了。我发现小燕子只是在休息，于是用扫帚轻轻地将小燕子往下拨，小燕子突然一飞而起，冲出了楼梯口，飞向了蓝天，孩子们一片欢呼！

我相信：只要我保持一颗贴近孩子们的童心，用满怀的柔情引导孩子们关爱小生灵，孩子们的心灵也会永远纯洁柔软。

2014 年 8 月份，我的学生尹砺节在深圳特区报上发表了一篇作文《不严的严老师》，孩子在结尾写道：这就是我们的严老师，亲切、会鼓励人，启发我们读好书。她爱我们，我们也爱她。但愿她能一直伴我们到六年级。龙华新区教研员向浩看了孩子的作文后，有感而发，写了一篇 3000 多字的评论《你是我的眼》，也发表在深圳特区报上。孩子的作文和向老师的评论在微信上广为流传。

“上善若水，学行天下”，我愿像水一样宽厚包容，像水一样涤浊扬清，像水一样谦逊柔和，做一股静静的清流！

（深圳市南山实验教育集团南头小学　严君娥）

29.守护孩子纯净的心灵

开学初的一节语文课上，我念了几篇寒假作业中的优秀习作并让同学们评议。宁宁的《堆雪人》具体生动，极具趣味，点评时大家极为赞赏。宁宁是一个品学兼优的女孩，极有灵气，很受欢迎。朗读她的习作时，同学们听得极为专注。哪知下课后平时很淘气的辉辉走到我跟前说："严老师，我觉得宁宁很笨。""哦？你怎么这样认为呢？"我虽然感到很意外，仍然和颜悦色地问道。

"堆雪人时，他表哥拿桶去，她居然问拿桶去干什么。"

原来，宁宁的作文中讲他和表哥堆雪人时怎么也堆不好身子，正在一筹莫展时，他表哥一声不吭地回家提了个塑料桶来，她不解地问："你拿桶来干什么？"表哥故作神秘地说："一会儿你就知道了。"后来表哥将雪装到桶里拍结实，然后将桶倒扣在地上，再取下桶来……雪人的身子就做好了。

看来，辉辉听得还是蛮认真的。不过，他的关注点很独特：平时大家都夸奖宁宁聪明，而这个公认为聪明的女孩竟然不知道他表哥拿桶是用来堆雪人身子的，可见她并不聪明，甚至有些笨。或许辉辉当时就是这样想的。

当辉辉对我说出他的想法时，还有好几个孩子好奇地围在我们周围，有几个男孩子也认为辉辉的看法有道理。其实当辉辉说出他的想法时，我的第一个想法是："这个孩子，听同学的作文不关注同学是怎么将自己的经历写得那么具体有趣的，不吸取同学作文的优点，却去评论同学聪明与否，真不善于学习。"可孩子分明是颇为自得地来向老师交流自己的独特发现的呀，我怎么能以老师对孩子的预期作为标准来批评孩子呢？如果那样做，孩子们今后还敢将自己的真实想法对老师诉说吗？而且孩子的眼神告诉我：他肯定是期待老师对他的"发现"做出评价的。可是，对于他的"发现"，我显然是不能予以肯定的，一方面他的看法本来就比较偏激，简单的肯定可能对宁宁造成一些伤害，甚至对其他同学也会产生影响：怕同学们议论而不愿让老师朗读自己的习作。再者我如果肯定他的看法，可能会助长他评价同学时专挑毛病的特点，让孩子养成看问题比较偏激的态度。如果我直接否定他的看法，可能怎么解释也难以说服他，他甚至可能认为老师偏心。看来我是不能正面评价他的看法的。

当时我拿着语文课本，我灵机一动，问他："严老师现在手上拿着语文课本，你看严老师要用这本书干什么呢？"他愣了愣，摇摇头说："不知道。"是呀，他怎么能知道老师是想巧妙地"以其人之道还治其人之身"呢？我笑着说："你看我可以将书卷成圆筒当喇叭和同学进行游戏，也可以翻开书读其中一篇文章，还可以用它挡一挡射向我眼睛的阳光。我能因为你不知道我现在拿书干什么而说你笨吗？”我一边说一边做，他摇摇头说：“不能。”

“是呀，你在严老师心中是个聪明的孩子，严老师绝对不能因为你不知道我某个动作的意图而说你笨。同样的道理，宁宁当时还沉浸在堆雪人失败的沮丧中，一时没有意识到表哥要用桶来堆雪人的身子也是正常的嘛，你说是吗？”他有些不好意思地点着头。

我接着说：“你看，宁宁将自己和表哥堆雪人时的所说、所做、所想真实具体地记叙下来，让我们好像参与了他们堆雪人的过程一样，你今后也可以这样写日记呀，你也一定能写出让同学们赞赏的好作文的！”听了我的话，孩子满脸笑容地说：“谢谢老师！”然后和同学们一起出去活动了。

苏霍姆林斯基曾说过：“必须温柔而谨慎地接触儿童的心灵，只有温柔与谨慎才能使你通过与孩子交谈启发他进行自我教育。”如何正确引导孩子，必须因人、因事、因时采取最适宜的方式处理，尤其要注意谈话的艺术性，“要使自己的明智思想充满火热的感情”（苏大师语），既要让孩子心悦诚服地接受，又要能起到教育孩子的作用。只要为师的我们温柔而谨慎地呵护孩子的心灵，就一定能成为孩子纯净心灵的守护者，才能无愧于“人类灵魂的工程师”这一美誉。

（深圳市南山实验教育集团南头小学　严君娥）

30.从健美操说起

渐渐入冬，地处郊外的新校区寒冷难耐。一位漂亮热情的同事两次鼓动我参加学校的健美操学习班，我想也好，锻炼锻炼，对身体有好处。尽管那种火辣辣的运动与我本人的个性风格有些格格不入，我还是去尝试了一次。

起先还能跟着节奏走，看着教练优美奔放的动作，我虽然知道自己做得不好，但大家都在认真地跟着学，没有谁会去注意谁，倒也没觉得有什么不自在。

但做到中途，教练对我说了一句话："这位老师以前是不是学过拉丁舞啊，怎么老扭髋？"呵呵，这句话让我十分不自在。我没学过拉丁舞，也不知怎么会有这种"小动作"。我一边否认，一边继续跟着做，然而，从此刻开始，我再也跟不上步伐。

一番手足无措之后，我尴尬地离开，借口晚上有辅导课。是有辅导课，高三 20 班的。

回来的路上，我渐渐明白了一个很久都未能得出的答案。那是一个困扰了我很久的问题。

我教高三 4 班和 20 班这两个班的语文。4 班是普通理科班，20 班是国际部理科班，前者的入学分数线比后者是高出很多的，按常理，4 班应该比 20 班成绩出色，而我自己，说实话，也一直对 4 班寄予更高的期望。

所以，我一直对 4 班更用心一些，然而令人费解的是，每次大小型考试，都是 20 班表现更为出色，总是大面积的高分，低分只是极个别的。

现在我明白了：关注过多，也会成为压力；指导过多，也会成为限制；有些纠正，等同于扼杀；有些范例，等同于牢笼。

有时候，关心，应该是"不关心"。从初中教学进入高中教学，我慢慢发现，高中生与初中生的心理特征有很大的区别。

一开始我就是主张快乐教育的，这种主张在 20 班顺利地得到了实现：他们个性开朗活泼，单纯质朴，我的鼓励与赞赏给他们带来了成就感与动力，我和他们一起在快乐中学习，他们的作文充满了新鲜的活力与创意，洋溢着青春的朝气与美好的情感。然而在 4 班，我受到了重重阻隔：他们极富个性，怀疑一切，所以也怀疑我真诚的鼓励与赞誉，并且认为我这样以赞美鼓励为主而不更多地去指出他们作文当中的缺点是一种无知，甚至在我接手他们班才两个星期的时候就预言我可能会令他们的作文水平下滑。

于是有几个学生暗暗告诫我要确立自己的威信，要多给他们指出毛病。我照做了，结果是：他们的作文交得越来越少，好作品也越来越罕见。而20班呈现出了另外一种景象：以前表现平平的学生越来越有文采、有思想，他们把写作当成了一种快乐。有些学生在周记本上写：真佩服麦子（我的网名，年级网站“天湖之舟”上有我的“麦子推荐”专栏，里边两百多篇学生习作全是我在过去一年的时间里亲手打印出来的），以前我怕写作文，很不自信，而麦子竟然能在我的那种文字里发现优点，麦子热情洋溢的赞美给了我写作的信心与兴趣。还有学生说：老师，我觉得你一直在很小心地呵护我们的心……

又想起去年这个时候我给新加坡华文教师做“听说教学”的专题讲座，要连续给他们讲四次，每次两个小时。最后一次的时候，我留了一个小时给20班的学生，让他们给新加坡的老师表演课本剧。我起初真实的想法是希望孩子们能帮我把时间“混”过去——我真是讲累了。因为这样，我把任务交给科代表之后就完全没有再过问。所有的一切都放手让学生自己去做，从剧本的改编到排演，只有整整一个星期的时间。

到了那天下午，他们的《孔雀东南飞》（现代版）正式上演了。

开场、演出、过程当中的穿插、节目之后的现场采访、演员和观众的对话交流……我觉得自己似乎身处央视的摄影棚。“戏外戏”——现场采访中，他们采访演员，采访观众，新加坡的老师们十分激动，向他们提出了不少问题，主持人风度翩翩，演员们对答如流。最后，主持人请坐在后排的我讲话，我说：“我只有一句话非说不可：孩子们，你们是我的骄傲！”霎时间掌声如潮。

我知道这掌声不是给我的。这掌声是给孩子们的，是给华文的，是给那些快乐时光的。

临行时，新加坡的老师们逐个跟我握手告别，他们感动地说：“真是不虚此行！谢谢熊老师，您的讲座和您为我们安排的学生表演让我们生动地感受到了华文的魅力！特别是您最后的那句话，让我们感觉到您和学生的心是连在一起的！这是一种美好的感觉，是一种快乐的教育！”

事后，我请那些孩子们“搓”了一顿，以示犒劳。我对他们说：“实际上是吃你们自己的！因为华中师大付给我的报酬里边也有你们一个小时的劳动价值！”

那报酬当然是微薄的，我所以这样说，是希望他们吃得有成就感，吃得轻松。

回过头来说说4班吧。其实那也是一群可爱的、有思想重感情的孩子——不过，他们讨厌我叫他们“孩子”——只是个性要强，内敛审慎，不易轻信。然而，我现在想，他们大概也和我一样，是十分细腻敏感、极易受挫的。在起初的尴尬局面中，我只关注自己的感受，觉得他们不信任我，自己也就变得不自信，施展不开，又听信个别同学的话，没能把握住自己的原则，在作文教学中常常更多地指出他们的问题和不足，以致他们和我在学健美操的时候一样，在没人关注和指导的时候还能跟上步伐，一旦被关注被指导反而无所适从了。

所以，尽管我细致地为他们批改作文，结果反而弄巧成拙。而我任凭20班的学生翱翔在完全自由的天空中，自己便也能常常听到快乐的鸟鸣——那来自天堂的声音。

（深圳市盐田高级中学　熊芳芳）

31.人性·理性

今天上课，先是在2班，准备讲《宝玉挨打》，想先给他们看旧版的《红楼梦》连续剧中相关的视频，关于宝玉挨打这段情节，旧版的连续剧跨越两集：第14集和第15集，于是我把文件复制到电脑上，在等待的过程中，随便跟他们聊红楼。

我说，宝玉挨打的重要起因是金钏跳井。金钏玉钏两姐妹是宝玉的母亲王夫人的丫环。从两姐妹的名字你能联想到什么吗?

学生什么也联想不到，显然他们对《红楼梦》完全不了解。之前让他们读过《红楼梦》的举手，一个也没有，再让看过连续剧的举手，两三个女生而已。

之前给他们讲过木石前盟，今天再告诉他们金玉良缘。

我说，宝玉衔玉而诞，上书一行字："莫失莫忘，仙寿恒昌。"而宝钗的金锁上也有一行字："不离不弃，芳龄永继。"据说这行字是一个癞头和尚送的。

宝玉黛玉注定不可能有世俗的姻缘，他们只可能是灵魂的三生伴侣。

木石前盟不属于现世，金玉良缘才是众望所归。王夫人身边的两个丫环的名字：金钏、玉钏，也是一种暗示，是草蛇灰线，是谶语，是影射。

金钏的死为什么会导致宝玉挨打呢?

学生很聪明，没读过红楼，却也能猜到：一定是宝玉调戏金钏了!

我笑，说：不对，也对。差不多吧。宝玉是那种见到美好的事物就忍不住要碰一碰的男生，尤其是对美好的女孩子，他总会情不自禁。

大家大笑。

我说，我知道，这会让许多女生失望。宝玉太不专情了，为什么见一个爱一个呢?

先别忙着批判。这是人性，对人性，我们没有理由苛求，也无法苛求。

在说人性之前，不如我们先说说神性吧。

圣经告诉我们，神是三位一体的：圣父耶和华，圣子耶稣，圣灵保惠师。

而人的生命，由"灵""魂""体"三部分组成。灵是最纯粹的、无限制的、超验的、永恒的精神部分，魂指性情、感情、思想、意志等肉眼看不见的生命特质，体就是指物质的、肉体的、看得见的、必朽坏的生命。

我觉得，神性和人性在构成方面有相似之处，即"灵""魂""体"三位一体。

对于三位一体的神性，我个人的理解是：圣灵是"灵"，圣父是"魂"，圣子是"体"。

解读了三位一体的神性之后，再来看宝玉三位一体的人性。

《红楼梦》中跟宝玉关系最为亲密且颇为暧昧的“金陵十二钗”正册中的女子，有三个：林黛玉、薛宝钗、史湘云。

前面说过了木石前盟、金玉良缘，史湘云跟宝玉其实也有“金玉良缘”之说。

贾宝玉从张道士敬献的礼物中挑了一只金麒麟，准备送给史湘云。因为他从宝钗口中得知湘云自己原本就有这么一个金麒麟，只是比这个小些。原来是一雌一雄正好一对。这又让黛玉对“金玉良缘”之说产生了新的担心。事实上史湘云跟宝玉的关系的确很亲近，她一直叫宝玉“爱哥哥”（“二”的发音在她那里就是“爱”），她自幼父母双亡，要和丫头一样做活。但是她活泼开朗，心直口快，胸无城府，什么日子都能乐呵呵地过，正如她在咏海棠时所吟的一句：“也宜墙角也宜盆。”她经常跟宝玉一起玩一起疯，雪中访梅，吃鹿肉，喝酒……有一次喝醉了就枕着花瓣睡倒在青石板上。宝玉跟黛玉在一起，相爱容易相处难，整天吵架、试探、摔玉、抹眼泪、争风吃醋，闹得鸡飞狗跳、死去活来。跟史湘云在一起，却轻松快乐、无忧无虑，两个人性情相似、趣味相投，是最合适的玩伴。而宝钗呢，是个理性完美近似“瓷器”的人，精美得不可挑剔却少了些生命的活气，为人处事周全冷静，你看不到她的真性情，完善得毫无破绽。这样的人深不可测，加上她“世俗经济”的价值观和礼教观念，常令宝玉敬而远之，唯一能够吸引宝玉的，就是她丰腴的肉体，有一次宝玉看到宝钗手腕上戴着元妃赏赐的红麝珠串，想细看一看，宝钗便从手腕上把珠串褪下来。这时，宝玉看着那段雪白莹润的手腕，不禁想入非非：“这个膀子，要长在林妹妹身上，或许还得摸一摸，偏生长在她身上。”

听到这里，学生拍桌子大叫。

我笑，淡定，淡定，这是人性。

宝玉心里最爱的是林妹妹，这个不假，他俩有灵魂深处的默契，也拥有相同的价值观；但是宝姐姐的肉体仍然会对他造成吸引，而史湘云又跟他性情相似、趣味相投。三个女人，对于宝玉来说，分别意味着什么呢?

教室里瞬间变得十分安静。

我说，林妹妹对应了宝玉在“灵”方面的需求，宝姐姐对应了宝玉在“体”方面的需求，史湘云对应了宝玉在“魂”方面的需求。

所以，男人没有一个能做到真正的专情（只单纯说“情”，不说道德方面的自律。所以宝玉对金钏会心动并且行动）。除非一种情况：这个女人对应了他“灵”“魂”“体”三个方面的需求，能够全面满足他的人性。

除此之外，能够维持感情和家庭稳定的办法，就只有道德和良心了。

男生唏嘘，却没有勇气反驳我。

我笑：谁能向我保证说你自己能够绝对专情，一生只爱一个人？

男生笑。

我继续说，所以女孩们，别傻了，不要将人生寄托于生死相许、矢志不渝的爱情，世上如果有这样的爱情，也只是因为时间或命运成全了它。譬如，泰坦尼克号的沉没，成全了一段绝美而永恒的爱情，如果他俩相守到老，爱情就可能有变数。

我不是要你们不相信爱情，我是想说，爱情是美好的，它来了，就好好享受它；它走了，千万不要寻死觅活，因为爱情不是人生最重要的东西，也不是唯一重要的东西。

事实上，物质生命中的一切都不是绝对纯粹的，所有的感情都需要所付出，世上没有无缘无故的爱情，一个人把自己活得乱七八糟的，自己都无法爱自己，别人有什么能力来爱你？同情不是爱，爱是吸引，无法靠理性来驱动。

所有的感情也都不可能永恒不变，它需要随时更新，不断赋予它生命的活力。生命若不是处于生长期，就一定处于衰老期。前者在向上走，后者是向下走。前者伸向阳光，后者堕入泥土。

教室里一片沉静。

我笑了：傻了吧，小孩子。没什么了不起，这只是人性而已。人性无法苛求，更无可批判，要想与自己生命内部的人性和谐共处，首先你得接受它、认可它，然后完善自己的理性，用理性来应对它，才能无往而不利。

接下来就让他们看视频了。

一集没看完就下课了。

紧接着就到 1 班上课。

李家汶做课前 3 分钟演讲，结果讲了 30 多分钟。

讲韩寒的《一座城池》和《不要再捐款了》。

他似乎很喜欢前者，花了大量的时间在讲前者的情节、文字和手法。我却听得很难受。不是他讲得不好，是我不喜欢韩寒的这部作品的风格。

而他在讲后者的时候，多次说到韩寒的观点不尽正确，提醒大家分辨。

等他讲完后，我还剩下几分钟。

他快要被“下课”了。

我在黑板上写了两个词：人性、理性。

我对学生说，《一座城池》我没读过，但看李家汶所展示的片断，它应该属于后现代的风格。我不希望你们阅读太多这种风格的作品。这样的作品，往往是荒诞，或者看见荒诞；颓废，或者看见颓废；阴暗，或者看见阴暗；冷酷，或者看见冷酷；玩世不恭，或者看见

玩世不恭……（学生在底下笑，点头表示赞同）

我不否认人性本身有黑暗的一面，我也不否认人性是不可批判的，但我还是要鼓励你们，少看那些黑暗，看得多了，近朱者赤，近墨者黑，你自己的文字也会染上这样的色彩。

但我很喜欢韩寒的后一篇文章《不要再捐款了》。这篇文章很理性，思想很深刻、很精彩。人性中的黑暗和败坏，只能用理性来约束或者用信仰来改良。仅靠道德和善举来改良社会是行不通的，人性还需要制度与理性的约束。

譬如，人人心中皆有贪欲。为什么有的国家贪官层出不穷而有的国家贪官就少许多?因为后者有法制和宪政的约束，就像我们前天讲《季氏将伐颛臾》时提到的话，“实现了对统治者的驯服，实现了把他们关在笼子里的梦想。因为只有把他们关起来才不会害人”（这句话借鉴于孔子的“虎兕出于柙”）。这是理性的力量。面对同样的人性，外在的约束力不同，结果也就不同。

另外就是信仰的力量。一个国家一个民族，需要内在真正的信仰，而不是表面的政治口号。信仰决定你的价值观，决定你面对人性的黑暗与败坏时最终会做何选择。信仰不是头脑发热，不是激情冲动，真正的信仰就是一种理性的选择，一种理性的力量。

意大利神学家安瑟伦说：“不把信仰放在第一位是傲慢，有了信仰之后不再诉诸理性是疏忽，两种错误都要加以避免。”

人性，理性。

慢慢理解，终身学习。

（深圳市盐田高级中学　熊芳芳）

32.“有用”与“有趣”

讲孔孟两章的第一篇:《季氏将伐颛臾》。

课前谈孔子，说到他的一句感慨：“朽木不可雕也。”

我对学生说，孔子是老实的，他说了一句老实话：教育不是万能的。

但教育是否就应该是“万能”的呢？“万能”，是教育本身的使命吗？

朽木不可雕，不是朽木的错，而是雕者的错：不适合雕刻的东西，你雕它做什么呢？

朽木显然是不适合用来雕刻的，但是朽木本身是不是就毫无用处呢？

学生回答：不是的。

很好。我问：那么，说说朽木有什么用处？

郭松葳说，朽木腐烂后可以改良土壤。

很现代化、很科学的理性思维。好。

如果一定要用科学思维将朽木变成“有用之才”的话，我说，朽木还有一个可造之法：将它磨成粉末，用高压胶合技术，可以将它变成合成夹板。但是，这种方法尽管可以将朽木变得有用（虽然是并无“大用”的“豆腐渣工程”），看起来很“万能”（连朽木都被造成了可用之材），却实在很无趣。

我继续问：朽木还有没有别的用处？

黄贝安说：朽木上面可以长木耳、长蘑菇！

我笑了，真是个富有想象力和童心的好孩子。

多么美好的画面啊，我也喜欢能长木耳和蘑菇的朽木。

不是每一种树木都适合或者必须成为栋梁，有一些树木也可以仅仅成为风景。

想起了庄子的“无用之用”。

庄子在《人间世》里讲了一个寓言：

匠人石去齐国，看见一棵栎树，树冠大到可以遮蔽数千头牛，用它来造船可造十余艘。观赏的人群像赶集似地络绎不绝，而这位名叫石的匠人却连瞧也不瞧一眼，大步流星地向前走。他的徒弟追上匠人石，好奇地发问：“自从我师从先生，从不曾见过这样壮美的树木。可是先生却看也不肯看一眼，为什么呢？”匠人石回答说：“这是一棵什么用处也没有的树，用它做成船只定会沉没，用它做成棺椁定会很快朽烂，用它做成器皿定会很快毁坏，用它做成门窗定会脂液不干，用它做成梁柱定会被虫蛀蚀。这是不能取材的树。没有什么用处，所以它才能有如此寿延。”

同样是在庄子的《人间世》中，又讲到另一个故事：宋国有个叫荆氏的地方，很适合楸树、柏树、桑树的生长。树干长到一两把粗，便有人来把树木砍去做系猴子的木桩；树干长到三、四围粗，便有富贵人家来把树木砍去做建屋的大梁；树干长到七八围粗，达官贵、人富家商贾会把树木砍去做整幅的棺木。所以它们始终不能终享天年，而是半道上被刀斧砍伐而短命。这就是材质有用带来的祸患。

然后庄子又告诉我们，古人以高鼻折额、毛色不纯的牲畜和患痔漏的人为不洁净，因而不用作祭物向神灵献祭。这正是“无用”者的幸运。还举例讲到一个名叫支离疏的残疾人，国家发生战争国君征兵时，支离疏就不用服兵役，又因身有残疾而免除劳役；国君向残疾人赈济米粟，支离疏还领得三钟粮食十捆柴草。庄子说，形体残废，尚且可以养身保命，何况德才残废者呢？树不成材，方可免祸；人不成才，亦可保身也。

最后，庄子感叹总结说：“山木自寇也，膏火自煎也。桂可食，故伐之；漆可用，故割之。人皆知有用之用，而莫知无用之用也。”

庄子从植物说到动物最后说到人，看起来是对“无用”的额手称庆：幸亏我没用啊！不然连命都保不住啦！何必要做个有用的人，结果却损害了自己的生命呢？你看这山上的树木，因材质可用而自招砍伐，油脂因可以燃烧照明而自取熔煎。桂树皮芳香可以食用，因而遭到砍伐，树漆因为可以派上用场，所以遭受刀斧割裂。有用的事物都会遭到损害，只有无用的事物才能得到保全啊！

你觉得，庄子果真在鼓励无欲无为、苟且偷生？果真在鼓励像杨朱一样“拔一毛而利天下，不为也”？

我以为，庄子只是在努力像上帝一样思考。

庄子努力站在上帝的高度来认识所有的生命，理解不同生命的不同使命和不同风景。

还是前面提到的那个匠人石，看到那棵“无用”之树之后回到家里，当晚就梦见那棵树质问他：“你打算拿楂树、梨树、橘树、柚树那些可用之木来跟我相比吗？……你和我都是‘物’，你这样看待事物怎么可以呢？你不过是几近死亡的没有用处的人，又怎么会真正懂得没有用处的树木呢！”

人和树一样，只是短暂的生命，是世间不同形式的“物”，所以以人的眼光来评价不同的树的价值，难免有失偏颇。我们以为能结果子的树是有用的，能成为栋梁的树是有用的、有价值的，而不能结果子也不能做栋梁的树是无用的，是没有价值的。

但如果站在一个更高的生命高度来俯视众生，我们就会发现，整个世界的和谐运转，恰恰基于所有生命的“不一样”。

我们需要蔬菜，也需要鲜花；我们需要房屋，也需要森林；我们需要山川，也需要河流；我们需要春花，也需要秋实；我们需要白天，也需要黑夜；我们需要欢笑，也需要眼泪；我们需要领袖，也需要士兵；我们需要激情，也需要宁静；我们需要朋友，也需要敌人……

世上根本不存在完全“无用”的生命。

只是我们以狭小的心胸和方寸的眼光定义了“有用”的概念。

譬如朽木，为什么你一定要将它雕刻成形，供于厅堂？

为什么不让它静静地立在山野与森林，沐浴风雨，守望季节，任藤蔓悄悄攀缘，任蘑菇默默生长，任野花轻轻依偎，任溪水涓涓流淌？

我想，这就是庄子宁愿“曳尾涂中”也不愿居于宗庙之堂的原因。

我们过分追求“有用”，而将人生变得“无趣”。

我们为了我们所以为的“有意义”，而放弃了真正有价值的“有意思”。

问题是，我们所以为的“有意义”，其实可以有一千种意义，而且，“有意思”本身，也可以是“有意义”的一种。

孔子发出“朽木不可雕也”这一感叹，缘于对宰予的失望：

宰予昼寝。子曰：“朽木不可雕也，粪土之墙不可圬也！于予与何诛？”子曰：“始吾于人也，听其言而信其行；今吾于人也，听其言而观其行。于予与改是。”（《论语·公冶长》）

宰予大白天睡觉。孔子说：“腐烂的木头不堪雕刻，粪土的墙面不堪涂抹！对于宰予这样的人，还有什么好责备的呢？”又说：“起初我对于人，听了他说的话就相信他的行为；如今我对于人，听了他说的话却还要观察他的行为。这是由于宰予的事而改变的。”

温文尔雅的孔夫子何以会大动肝火、上纲上线？大圣人竟然被宰予大白天睡觉的事而毁了三观？那语气分明就是恨铁不成钢的老子在骂不争气的儿子：“你这个不争气的东西，老子不说也罢！”

大白天睡觉真的如此严重吗？以致影响到孔子对其人品的评价？

孔子曾说：“吾以言取人，失之宰予，以貌取人，失之子羽。”（《史记·仲尼弟子列传》）宰予能说会道，利口善辩，思想活跃，好学好问，一开始留给孔子的印象不错。宰予是孔门弟子中唯一一个敢对孔子学说提出异议的人，他指出孔子的“三年之丧”的制度不可取，说：“三年之丧，期已久矣。君子三年不为礼，礼必坏；三年不为乐，乐必崩。”因此认为可改为“一年之丧”，被孔子批评为“不仁”（《论语·阳货》）。他还向孔子提出一个两难的问题：如果告诉一个仁者，另一个仁者掉进井里了，他应该跳下去救还是不应该跳下去救？因为如果跳下去就是死，如果不跳下去就是见死不救。孔子认为宰予提的问题不好，说："何为其然也？君子可逝也，不可陷；可欺也，不可罔也。"（《论语·雍也》）认为宰予这是在愚弄人。宰予昼寝，被孔子形容为"朽木"和"粪土之墙"，并因此而认为宰予言行不一，说自己"以言取人，失之宰予"。子羽是孔子的另一个弟子，叫澹台灭明，鲁国人，比孔子小 39 岁，子羽的体态和相貌很丑陋，想要侍奉孔子。孔子开始认为他资质低下，不会成才。但后来，跟随子羽的弟子有三百人，声誉很高。孔子于是又感慨自己"以貌取人，失之子羽"。

其实宰予在后世同样是被奉为"孔门十哲"之一的。唐开元二十七年，宰予被追封为"齐侯"，宋大中符二年（1009 年）又加封"临淄公"，南宋咸淳三年（1267 年），再进封为"齐公"，明嘉靖九年改称为"先贤宰子"（至于《史记》给宰予安排的结局"宰我为临菑大夫，与田常作乱，以夷其族，孔子耻之"，前人已考知其非，不赘）。

为什么孔子对"宰予昼寝"的反应如此激烈呢？

我觉得首先是因为宰予平时跟孔子就有观念上的冲突，而孔子一直以自己的"意义"为普适性的"意义"来考查和衡量所有的学生，以致认为他"不仁"。对"不仁"之人，孔子认为自己的使命就是"教化"之，使之"求仁"，最终"得仁"。宰予天资聪颖，这是孔子任何时候都无法否认的（所以他最终也只是否认他的德行与为人），对这样的学生，孔子更期望他能够"求仁得仁"，成就一番事业。不料宰予并不像孔子所期待的那样虚心勤奋，反而大白天睡觉（只不知是在课堂上打瞌睡还是午休忘了定闹钟），所以大圣人终于雷霆震怒，且忍不住上纲上线了。

想起墨子怒耕柱子的情节：

墨子怒耕柱子。耕柱子曰："我毋俞于人乎？"墨子曰："我将上大行，驾骥与牛，子将谁驱？"耕柱子曰："将驱骥也。"墨子曰："何故驱骥也？"耕柱子曰："骥足以责。"墨子曰："我亦以子为足以责。"（《墨子》）

墨子对耕柱子发怒。耕柱子说："难道我就没有胜过旁人的地方吗？"墨子问道："我将要上太行山去，可以用骏马驾车，可以用牛驾车，你将驱策哪一种呢？"耕柱子说："我将驱策骏马。"墨子又问："为什么驱策骏马呢？"耕柱子回答道："骏马足以担当重任。"墨子说："我也以为你能担当重任。"

墨子对耕柱子发脾气，不是因为耕柱子不如别人优秀，恰恰是因为耕柱子比别人优秀，越是天资优秀的学生，老师往往越容易寄予厚望，也越容易恨铁不成钢。

铁是可以炼成钢的。不像朽木确实不可雕。

对可炼、可雕者，当精心锤炼、细心雕琢。

对须放、须养者，当适其天性、适时浇灌。

对于前者，不能不追求其“有用”；对于后者，又不能仅仅成全其“有趣”。

做老师，真的不容易。

要理解，永远要学习理解。

理解人性，理解自己，理解世界的丰富色彩，理解生命的不同质地。

（深圳市盐田高级中学　熊芳芳）

33.自由的核心意义

——《不自由，毋宁死》的非常课堂

春天的一个早上，我们学习帕特里克·亨利的《不自由，毋宁死》。

打开课件，我问学生："什么是自由呢？"

文科班学生是很容易对付我的，操起他们学过的"自由是相对的"之类的哲学论调对我进行训导。

我说好，请背诵裴多非的诗给我听听。

他们得意地笑，但还是听话地齐背："生命诚可贵，爱情价更高。若为自由故，二者皆可抛。"

我对他们说，昨天看的电影《华丽的休假》是《不自由，毋宁死》的最好注脚。

我问同学们："珉宇最后接受了申爱父亲的嘱托，要照顾申爱，好好活着，所以举手投降，最后却又毅然决然地开枪表示反抗，选择了放弃生命，为什么？"

同学们说："因为政府军队对他们'暴徒'的称呼。他要对这种冤枉表示抗议。"

我说："很正确。自由最核心的意义是尊严，而不是指行动上的随心所欲。若是指行动上的随心所欲，那么影片中全斗焕的暴力也是他所追求的一种自由，所以十八世纪法国大革命时期，罗兰夫人说：'自由，自由，多少罪恶假汝之名行之。''生命诚可贵，爱情价更高。若为自由故，二者皆可抛。'正是为了自由，为了尊严，他放弃了爱情，也放弃了生命。"

学生昨天看完这部电影之后非常震撼，据说中午去食堂的时候大家都非常沉重，一言不发。对于他们这个年龄，关注得更多的是美好爱情在暴力中被摧毁的悲剧，他们本来就对爱情这个话题非常敏感，今天我提到这部电影，本来是要讲自由，他们却强迫我给他们来个爱情专题讲座。我拗不过，只好跟他们扯一扯。

我说我曾经读过一位同学的日记："说来也可悲，关于目前这个班，我有一种感觉，就是：除了来上课的老师，这个班里就只有两个人：我和她。别人的事再怎样精彩，都和我一丁点儿关系都没有，不会兴奋，不会悲伤，像一台程序设定为只牵挂一个人的机器人。"

我说，爱情让他失去了个体的自由。这不是成熟的爱。

学生问：成熟的爱是怎样的？

我说：首先，成熟的爱是保留自我的。

王家卫的电影《蓝莓之夜》中的女主角为了摆脱失恋的痛苦，独自远行，一天比一天离记忆更远，离原来的自己更远，在过程中，她的生命得到了丰富和提升，再回来的时候，已经有了一份新的爱情在等待她。一个人能够不断地实现超越，任何时候都不丢失自我，才有资格拥有幸福。

再譬如阿甘。

他爱珍妮，所以他等得起。

一直一直等，却又不坐等。

他去做每一件他喜欢做和应该做的事。他在不停地行走的状态下守候那份不变的真情。

他打球、入伍，一丝不苟地按照长官的命令去装枪支，奋不顾身地在战火中救人，战争结束后又打乒乓球，退役后为老兵们表演，教他们打球，他买捕虾船，建立了自己的公司，成了亿万富翁，捐钱给教堂、给医院，也给布巴的家人，他免费帮人们割草，一个人等待黑夜的降临……

然而就在这时候，他的幸福悄悄走近。

他的爱情鸟从远方飞回，栖息在了绿茵镇上他们儿时常常坐着谈天的那棵树上。

他创造奇迹，于是，奇迹也青睐他。

真爱需要等待，行走中的等待。

走着走着花就开了。

妈妈陪他走过，珍妮陪他走过，布巴陪他走过，丹中尉陪他走过，但是所有的人与他自己本身都只是一种美妙却短暂的际会。他其实一直都是一个人在行走，然而，他也享受那些短暂的陪伴，并给予爱的回馈。

他不属于任何一个队伍，相反，他引领了一个队伍：丹中尉在他那里学会了接受那不可改变的命运并开始崭新的生活，一群人跟着他奔跑并从中发掘出意义、创造出财富，珍妮历经了心灵的漂泊之后发自内心地说出“我爱你”……

而我们这位同学的日记让我联想到了张爱玲。旷世才女，却因对胡兰成的爱而感觉自己在他的面前“低，低到了尘埃里去”，然而须知，因为爱而失去高贵的生命姿态的人，必然也会失去恋人对自己的珍爱。没有了征服的挫败感，便只是“端然地接受，没有神魂颠倒”（胡兰成语）。

其次，成熟的爱是甘于舍己的。

真正的爱，成熟的爱，是能够给双方自由并乐于帮助对方完成自我的，也是愿意为了对方而摆上自己生命的。如果要测试你对一个人是否真爱，问问自己：如果现在就是世界末日，你愿意跟谁死在一起。这不仅仅是一种温暖的交托，也是一个巨大的责任。

我们可以看看下面这篇文章：

落基山的雪

赵荒（加拿大）

那是很多年以前一个冬天的早晨，太阳很灿烂地照耀着雪后的风景。在落基山脉普利斯特里山谷附近，年轻英俊的橄榄球运动员卡罗吻着他心爱的未婚妻贝蒂，用极其温柔的声音说："让我们享受圣母玛丽亚带给我们的快乐，明天我们就要踏上教堂的红地毯，你将是我永远的新娘了！"

贝蒂含羞地依偎在卡罗的胸前，什么也没说，她早已沉醉在诗一般甜蜜浪漫的幻想中了。

卡罗和贝蒂情意绵绵了一会，然后开始滑雪。在那枚巨大的红色水晶下面，他们用各种美妙的姿态来宣泄憋闷心中许久的悒郁。现在，他们终于拥有一片自由而绚丽的天空了，他们因过度的激动而变得有些战栗，以至于当太阳已悄悄地在厚重的乌云后面藏起它的脸时，他们仍然乐而忘返。但是很快两个人就迷了路，闯入一块也许从来就没有人到过的雪域。

这已是迷路的第二天。

一阵凛冽的寒风推搡着贝蒂单瘦的身躯，卡罗赶忙扶住她。贝蒂无力地说："亲爱的，我已经几天没吃东西了，也许，也许我就要撇下你，一个人先去见上帝。"卡罗阻止她再这么说，他把贝蒂抱到附近一个积雪半掩的山洞里，用从雪野上拾来的为数不多的树枝为贝蒂燃起了一堆生命之火。然后卡罗转身去外面弄吃的，但他回来时两手空空。在这样一个寒冷荒芜的季节里，在这样一个鸟兽罕至的山谷中，哪儿来的食物呢?

落基山的雪呀，只是一个劲地落！它似乎要把这对年轻的恋人埋葬在嫉妒的深渊里！

就这样，两人又在饥寒交迫的痛苦中熬过了一日，贝蒂已变得极度虚弱。第二天上午，仍不肯放弃希望的卡罗又回到了山洞，这时他脸色苍白，脚步踉跄，左臂已不见踪影，只剩着血淋淋的残缺的袖管。贝蒂搂着心爱的恋人哭着询问，原来卡罗遇见一只觅食的棕熊，在与那头罪恶的野兽搏斗时，卡罗的一条胳膊被残忍地咬掉了。贝蒂再也不奢望能够走出雪谷，两人紧紧依偎在一起，带着泪水也带着战栗的微笑，尽情享受着临别这个世界时的最后的温存。夜幕降临了，贝蒂沉沉入睡，然而当她在次日早晨醒来时，却发现火堆上置放着一块烤肉。"我夜里逮到了一只冻僵的野兔。"卡罗神情疲惫地说。贝蒂于是狼吞虎咽地吃起来，卡罗却没有吃，贝蒂于是留了将近一半烧得漆黑的烤肉，准备在两人最需要的时候吃。有了食物，上帝总算给两人的生存带来了一线生机。然而，卡罗因为昨日失血过多，加上这几天体力消耗太大，他终于倒在了落基山的雪地上，再也没有站起来。

贝蒂是在卡罗永远逝去后的第五天下午被搜索小组救出的。那时，她已两眼呆滞，形容枯槁。在萨斯卡通红十字医院的病房里，当一个教授想了解贝蒂何以在满地冰雪的绝境里坚持了这么久时，贝蒂说："是爱，还有这个！"她出示了她保存下来的小半截烤肉。

"这是人的肉啊！"教授在凝视和检查了一会儿那截烤肉后大叫，"这是人的左臂！尽管已烧得模糊不清，但骨头的构造我还是辨别得出来！"

贝蒂的脸色霎时苍白无比，她又想起了落基山上晶莹的雪，又想起了男友卡罗痛苦的微笑和血淋淋的臂膀。她似乎看见了卡罗在锋锐的岩石上自戕的惨烈场面，她明白了，一切她都明白了！

贝蒂把卡罗送给她的那枚订婚的蓝宝石戒指，紧紧地捂在胸口，然后失声痛哭起来……

每个听这个故事的人都会忍不住热泪盈眶，我就是其中的一个。当约翰的叔叔在春日花开的下午告诉我这个人间旷古未闻的奇情绝爱时，我的泪水顿时像小河一样汹涌而出。约翰的叔叔还告诉我，贝蒂后来嫁给了辛普森堡一个很富有的商人，不过两年后就离了婚。那富商不喜欢贝蒂，原因是她半夜老做噩梦，并且喃喃地呼唤着卡罗的名字。

（摘自《读者》1995年第10期）

这样甘于舍己的爱情，才是真正成熟的爱情。

当然，时代不同，遭际不同，经历不同，性情不同，爱情的呈现方式也会有不同。就好像同一种液体，遇见不同的试纸，会显示出不同的颜色。在朴素平淡的生活里，爱情可能没有这么轰轰烈烈，它只会从一些生活的细节中折射出秋阳一般明朗却不刺眼的亮光。

最后，成熟的爱还是能够舍小爱全大爱的。

读林觉民的《与妻书》，我们会感动于他们的伉俪情深，更会震撼于他舍小爱全大爱的人格力量和伟大胸襟。相信这也正是他的妻子爱他、敬他的重要原因。

又像《华丽的休假》中的男主人公珉宇，起初的他，只是一个庸常的男人。我们给他的定义可以是一个出租车司机，也可以说是一个家庭妇男（为了养活弟弟，供他读大学，他工作，包揽家务，他会做一手好泡菜……）。他在申爱的面前支支吾吾，欲言又止，最勇敢的举动就是买张电影票制造二人见面的机会，他起初对申爱的爱，是美好的，却不一定是有光华的。然而当光州事件发生后，这个人物随着这个时代的浩劫一起成长：他善良，不顾自己的性命救助被追杀的陌生人；他机智，被暴力军队抓获之后从车上跳到河里逃生；他勇敢，拿起枪来与敌人进行势力悬殊的生死搏斗；他憨厚，跟申爱一起啃苹果时傻傻的笑让惨烈的世界充满了温暖的亮色；他有浩然正气，面对敌人的机枪，他放弃生命开枪否决敌人对他们“暴徒”的认定……在一场时代的灾难中，他成长为一个真正意义的男人：大男人，伟丈夫。在他追求那些美好事物的同时，他的生命得到了升格；在与申爱为了一个共同的目标而奋斗的过程中，两个生命一起成长，像两条线一样交织向上，而成长的他逐渐赢得了申爱的爱情。

光州事件，毁了他们的幸福，却成全了他们的爱情。可以说，如果没有光州事件，申爱爱上这样一个庸常的男人的可能性非常小。如同《倾城之恋》结尾：“香港的陷落成全了她。……谁知道呢？也许正因为要成全她，一个大都市倾覆了。”

这样说，听起来很残酷。然而事实往往就是这样。所不同的是，香港的陷落成全的是流苏的个人幸福，而光州事件成全的是一个个体的生命质量和一个民族的精神素质。当然，这种成全的代价是太过昂贵了。

课堂快结束时我总结说：在爱情里面，舍己的精神和独立的人格是应当并存的；在爱情之上，个体的幸福和生命的尊严往往在高贵的取舍之间放射出灿烂的光华。可以说，在意映和申爱的心中，永远不会有其他男人能够替代林觉民和珉宇了。他们的生命将在她们的爱中一直延续。为了群体的自由，为了人间的正义，为了生命的尊严，他们献出了自己的生命，牺牲了个体的幸福，然而正是这样有尊严的生命，才最有资格拥有最灿烂的爱情。

最后我说：“糟糕，今天的课，完全没讲课文！”

学生们一齐笑起来，意味深长地对我说：“你已经讲了。”

我也恍然大悟：是的，我已经讲了。

“生命诚可贵，爱情价更高。若为自由故，二者皆可抛。”

（深圳市盐田高级中学　熊芳芳）

二、生命教育故事

1.爱——承载，传承，感动，收获

“德高为师，身正为范”一直提醒着我作为一名教师应该做什么，应该怎么做。

师德，主要体现在爱国守法、爱岗敬业、关爱学生、教书育人、为人师表、终身学习。其中关爱学生是关键所在，然而当初刚刚步入工作岗位的我对于此观点并不那么认同，我认为只要加强个人教学能力和班级管理能力就可以了。当我遇到这样的一件事后，我的想法完全发生了改变。

那是 2012 年 9 月，作为刚刚毕业不久的新教师，第一次以班主任的角色接手了高段班级四年 1 班，兴奋的同时还有一些忐忑，一方面能够通过班主任工作多学到一些实践类的知识，另一方面担心未来的工作存在很多未知。我暗自下决心不管怎么样我都要用最大努力把这个班级带好，对得起自己同时也要对得起校领导对我的信任。

在熟悉这个班级学生的过程中，他引起了我的注意，他叫雷阳，是一名体型微胖的男孩子，平时见到老师非常有礼貌，数学思维能力也是很强的，课堂表现也是可圈可点的。然而就是这么一名各方面表现都很不错的孩子，存在着非常严重的问题。那就是他的情绪就如同炸药一样，一旦爆发威力惊人并伴有破坏性，可能伤及同学或导致小战争的爆发，最令人头疼的是安在他身上的“炸弹”可能会因为一些小事随时引爆。据了解，之前班主任的办公桌还曾受到波及。在我接手后确实时不时都要引起一些问题，我都是常规地去做出处理和教育，但是最为严重的一次是在放学后因为对值日任务的分配的不满将整个教室的桌子全部推到并挥拳打了他们的值日组长。这使我认识到，单纯的常规教育是不够的，我请来学生的家长，反应了这种情况和问题的严重性，并深入了解孩子在家中的种种情况。从那一刻我才发现问题是出在父母的言传身教上面的，孩子在家时候，母亲过分的溺爱，加上父亲棍棒式的教育模式，以及在管理中父母存在的矛盾和冲突，这导致了孩子用暴力解决问题的认知观念，同时也导致了孩子在人际交往时产生的迷茫和无助。这件事情让我认识到了为人师者更要树立自身的榜样意识，塑造自身的人格魅力。在与其家长交流后，我也对这位学生的教育方式做出了调整，为了让大家消除对雷阳的恐惧和隔阂，我常常会针对于他的良好行为给予鼓励和肯定，在同学面前树立个人良好形象，经常利用体育课、课间十分钟等课余时间找其聊天排除他交往中遇到的麻烦，拉近距离，在学生心中建立信任感。正所谓“亲其师信其道”吧。

在此之后，雷阳的情绪控制力真的越来越强，并收获了很多知心朋友。

今年的开学前，雷阳同学特地从广州赶回深圳，给我带来了自己做的曲奇饼干，并且对他之前的种种不成熟的做法表示很不好意思。当时我的心中一股股的暖流涌动，真正体会到了作为一名教师的成就感和价值感。

看来教育归根结底是爱的教育，相信付出的爱也会得到传承和回馈，在今后的工作中我一定要加强自身德行修养，一方面起到榜样作用，另一方面有了德行才能承载学生。关爱学生，爱的教育。从点滴做起，从现在做起。

（深圳市全海小学　程峰）

2.爱的启迪

燕子去了，有再来的时候；杨柳枯了，有再青的时候；而时间却是如流水一样一去不复返了。初涉教坛的我，不断地在这单纯美好的象牙塔里，演绎着自己的教育教学故事。闭上双眼，这并不算长的教学时光仿佛胶卷般，一幕幕重演，历历在目。

“弱水三千，只取一瓢饮。”

在我所任教的二（3）班中，霖是一名出了名的“小捣蛋”。霖这孩子天性聪明，成绩优秀，但这孩子纪律性不强，行为散漫。记得某一天的早晨，我如同往常般踏进教室里巡视学生早读，同学们齐刷刷地拿着书本，挺直着腰板，聚精会神地朗读着课文，我边走动边欣赏孩子们认真朗读的可爱模样，走到霖面前时，发现这小家伙把漫画书夹在语文书里，正津津有味地看着，连我走到他跟前都没有察觉。我之前便有所耳闻霖这小孩喜欢在上课时间偷偷看漫画书，再想到自己已经在班级里三令五申地强调过不准在早读、上课时看课外书，这孩子明显是触及到了班规的“警戒线”，我心想：这孩子无视班规，以身试法，我要好好地“杀鸡儆猴”一番。我敲了敲他的书桌，他明显是被惊吓到了，以迅雷不及掩耳之势，将漫画书丢到抽屉里，惶恐不安地看着我。我示意他走出教室，并顺手将他放在抽屉里的“罪证”拿出来。我已不记得自己当时具体说了哪些话，只记得自己全程声色俱厉，还没来得及软硬兼施时，第一节课的预备铃响了，由于即将上两节课，我把霖这件事情搁置在一边了，上完课后又光顾着忙一些其他事物，便忘记了这事。

下午，我在办公室改作业时，班长匆匆忙忙地跑过来跟我说霖把同桌的手咬出血了，我急匆匆地赶到教室里，同学们围在这位受伤的女同学周围，有的小女生拿着纸巾给她擦拭，有的忙着安慰，有的不停地指责着霖。我将霖和被他咬伤的女同学叫到办公室，幸好，女孩的伤口不是很严重，只是有点皮外伤，我安慰了她几句后便请班长把女孩带到校医室去处理伤口。我看了看霖，他一言不发，垂着头，问了原因之后得知原来同桌只是不小心碰撞到他，他一气之下就咬伤对方的手，我一想到自己屡次三番地找他谈心，恩威并施，花了很多心血，但他总是屡屡犯错，突然间有些“怒火中烧”，又是疾言厉色地训斥了他一番，此时，办公室的同事提醒我全校教职工大会的时间到了，我便仓促地跟霖说了几句后便让他回家，自己开会去了。

晚上，结束了今天一切事务之后，想起今天发生在霖身上的这两件事，我不断地反省自己，我是否掌握了教育批评学生的艺术？我有没有做到让被批评的学生不存戒心和敌意？我有没有推己及人，教育批评的针对性和可接受性有多强？……一想到自己今天的声色俱厉，我想第二天要好好抚慰一下霖这孩子。

第二天早晨在去办公室的路上，远远地便看到霖站在办公室门口，他大声地喊了我："陈老师好。"待我走到他旁边，他从怀中掏出一朵鲜红纸玫瑰，仰着头看着我："陈老师，昨天的事情我知道自己错了，我不该欺负同学，不该惹您生气，这朵花是我昨天晚上折的，送给您，您能原谅我吗？"我接过他的小礼物，摸了摸他的头，心中百感交集……

那天，我不断地想：孩子能如此明辨是非，勇敢地承认自己的错误，是因为他们有一颗澄澈的内心，"人之初，性本善"，我相信每位孩子都是堕入凡间的美丽天使，我愿不断地完善自己，不断地掌握教学的艺术，以一颗赤子之心去教导这群可爱的天使，我想我的人生会因此而变得更加完整，世界也会因此而多了一份美好。

（深圳市全海小学　陈洪转）

3.爱加责罚才是真正的教育

我们都读过或听过这样的教育故事：某个学生不爱学习，学习成绩差，经常违反纪律，性格古怪孤僻，后来这个学生遇到了一个好老师，这个老师用爱终于把这个学生转变成了一个爱学习、学习成绩好、遵守纪律、性格阳光开朗的好学生。

这样的故事也许是真实的，但是我认为这些只是个例，并不能反映客观规律。我身边的众多真实案例和我自身的经历告诉我，教育好一个学生尤其是转变好一个问题严重的学生，并非是只要有了爱、只要对其好就能成功的。

我参加教育工作的第四年，接手了一个初中二年级新班，班上有一个叫小亮（化名）的学生，大约十四岁，又瘦又矮，与正常同龄人的差距很大，一看就知道营养严重不良，平时穿的衣服、裤子、鞋子又廉价又旧。我去他家家访时发现，他与祖母生活在一起，祖母很穷，住在一座又旧又破又小又脏又乱又昏暗的老屋里，屋子里四壁光光，屈指可数的几件家具也是又旧又破又脏，家里唯一的电器就是电灯泡。我们中国人有句俗话，穷人的孩子早当家，可是这个小亮却一点都不懂事。刚接手这个班不久，我就发现小亮十分厌学，学习很不用心，很不努力，课堂上不听老师讲课，不参加任何课堂学习活动，要么呆呆地坐着，要么做自己的事（例如搞小动作），课后作业也不做，学习成绩很差，更为严重的是还经常严重扰乱课堂教学秩序以及在班里惹是生非。

家庭教育的长期缺位使小亮养成了很多严重的坏习惯，冷漠无情，心理已严重扭曲，例如说谎话，他的说谎已经成了习惯性说谎，说起谎话来脸不改色心不跳；说谎话的水平十分高超，简直达到了炉火纯青、出神入化的境界，每次说的谎话都滴水不漏、无懈可击，让人感觉十分真实可信。如果你不跟他接触久一些、接触多一些，如果不十分了解他，你百分之百地会被他欺骗。

我经过调查研究，发现造成小亮这些严重问题的原因是父母离异后双方都不管他，把他“踢”给了祖母，而祖母已七十多岁，身体又不好，经济条件相当差，祖父已离世，加上祖母精力十分有限，对小亮根本管不过来。再加上祖母没有文化，所以既不重视又不会教育孙子。更为严重的是，小亮因为疏于管教，染上了沉迷电子游戏的恶习，脑子里一天到晚想的都是电子游戏，已完全不能自拔。而沉迷电子游戏又不断引发了很多新问题或者加剧了原有问题的严重性，如此形成了恶性循环。

当年我年轻，参加工作才三年，无论理论水平还是实战经验都很不足，又受了一些比较片面的影视作品和比较片面的文学作品的影响，于是就简单幼稚地以为，只要我有爱心，只要我关心他、爱护他，只要我对他好，他就一定能被我感化，就一定能被我转化成一个好孩子、好学生。

接下来，不用说，大家都能猜到我做了什么。没错，就像大家听过的和读过的一些故事一样，我经常找他谈心、聊天，还时不时地买些东西送给他……

可是，一年下来，小亮基本没有进步，我非常沮丧。

随着日后理论水平的提高和自身实战经验的累积，又学习了一些成功的老教师的经验，我逐渐意识到，要转变好一个有严重问题的学生，首先你必须发自内心地爱他，发自内心地尊重他，不厌恶他、不嫌弃他。如果没有这个前提，你是无论如何也不会付出努力与心血来教育他的，你是无论如何也想不出好的方法来教育他的，这一点毋庸置疑。但是，要转变好一个有严重问题的学生，不是仅仅有爱、仅仅对其好、仅仅鼓励、仅仅表扬赞美就行的，还要为其订规矩，订了规矩就要严格地按规矩办，违反了就要按规矩进行适当的、有震慑效果的、有教育效果的责罚。适当的责罚是行得通的，也是必要的，对于学生的成长也是有利的。完全没有责罚的教育或者责罚过轻的教育是不完整的、行不通的教育。有人可能会认为严格地坚持规矩一定会让问题学生讨厌老师，但是我却发现事实正好相反，他们恰恰尊重和喜欢那些有原则并讲原则的老师，他们反而不尊重和不喜欢那些没有原则、不讲原则、对他们过度宽容或者懒于严格教育、懒于严格管理的老师。

语言柔和、行为严格，这才是真正的教育！这就是我的教育故事给我的启迪。

（深圳市全海小学　杨英军）

4.安抚受伤的心

2016年4月初的一天早上，我刚吃完早餐坐到办公室，一群三一班“热心”的孩子们气喘吁吁地跑进我的办公室，急匆匆地说：“老师，老师，陈某某和唐某某打架了，打得很凶，互相拽头发呢，拉也拉不开！”我心理一怔，赶忙往教室走去，到了教室一看，两个女同学面目狰狞地互相看着对方，拉扯着衣服和头发，嘴里都在嘟囔着什么。

“放开！”我突然一声令下，两位同学迅速松开了手，看了看我，低下了头。此时，上课铃响了，我叫出两位同学，在教室外，我静静地看着她们，五分钟后，我轻声地问她们：“发生什么事了？”唐同学迫不及待地说：“是她先碰了我一下，还把我的铅笔扔了，然后我很生气，就……”“是这样吗？”我转向陈同学问。她点了点头，没说什么，但从她的表情来看，她有很多话想说。“好，唐XX你先回去安心上课，我回头再找你聊！”“谢谢老师！”

唐走后，陈平静地说：“老师，我可以和你讲一件家里的事吗？”“好啊！你有什么事都可以和老师说，老师会帮助你的！”

“我爸爸妈妈离婚了，我爸爸每天晚上打羽毛球，打到半夜才回来，也不管我们，我很想妈妈，今天早上就是因为心情不好动手摔唐的东西，还打她了！”陈说完便伤心无助地低头大哭起来。

听完她的讲述，我作为一个孩子的母亲，眼泪止不住夺眶而出，见我半天没出声，陈同学抬起头看看我，说：“老师，你怎么哭了？”我哽咽着把她搂在怀里说：“老师心疼你，可怜你，老师看你每天积极，活泼开朗，可没想到你的内心还承担着这么大的压力和烦恼。”

接下来的一段时间，我向陈同学了解了她的家庭情况，得知爸爸因为有了外遇把全职的妈妈赶出了家门，暂住到舅舅家，一星期只能见一次妈妈。家庭的变故对于一个三年级的孩子来说，让她来承担后果，着实很痛苦，但作为一个老师，我不能改变她的家庭状况，只能尽可能多地给予她关爱、理解与同情，让她有种安全感，教她一些处理问题的方法，也许这是我所能做的一切了吧！

自那以后，陈同学的性格不再那么暴躁，慢慢地平静下来，变得更加阳光、积极，在学校的趣味运动会上参加了三项集体活动，都取得了突出的成绩，在活动中，我也看到她和同学们相处得很融洽，相信愉快的校园生活让她忘记了家庭的烦恼。祝愿她永远健康快乐！

（深圳市全海小学　张思芳）

5.被需要的快乐

作为教师，从拿起教科书那天起，就已经把责任、爱和耐心摆在心头上了。无意中发现，我已经在三尺讲台站了快30个年头了，从中学到小学，从教物理到教语文，从当班主任到教数学、当心理室管理员，经历了太多，很多事情都在记忆中淡忘，没有什么特别的印象了。唯有一件小事情，多少年都难以忘怀。

1994年我调入深圳，我有幸进入众孚小学，当时安排我教二年级语文兼班主任。

以我扎实的语文功底，教语文是小菜一碟，但是，我面临的难处是学生的年龄特点完全不一样，以前是中学生，现在是小学生。我明白，儿童的特点是好动、好奇、活泼，必须把握孩子的年龄特点，接纳孩子的天性，对他们说话要明明白白，指导做事情要亲力亲为，手把手地教。

当时最大的难题还是班风涣散，纪律散漫，上课讲话，下课打架，不写作业，家长不管，把我这个年轻的老师搞得焦头烂额、措手无策。

经过苦苦思索，我决定从家长入手，先了解家庭状况，找家长配合。

全班56个学生，我一一家访，我了解到他们大多数都是82年转业的工程兵的后代，家长的文化素质不高，母亲绝大多数都是农村妇女，对孩子的教育缺少方法。对于调皮孩子的管教，父亲的教育不是简单粗暴，就是放任不管。我在谈话过程对家长布置了任务，明确家庭教育对于学生成长的重要意义。还好，那个班的家长都很配合我的工作，对我的努力给予大力的支持。

在班级里，我定下班规，奖罚分明，激励先进，鞭策后进，逐渐班风有起色。

第一个单元测试时二年级三个班我班倒数第一，还和第二名拉8分之远！孩子们的一年级基础没打好，拼音不过关，词语不会组。

那时候，学校借建安公司的员工宿舍铁皮房给我们老师住，中午太阳火辣辣地烤，整个房子像一个烤炉。晚上蚊虫横飞，半夜里老鼠成群打架，有时候还钻进蚊帐里面把人吓得半死，一夜不敢睡觉。

即使在那么困难的环境里，我还是不放弃对孩子们的基础教育，每到晚上，我让学生过来补课，先是成绩差的同学来，后来听说我免费教课，孩子们越来越多，我的小小宿舍坐不下，就到宿舍外面，家长帮我把照明灯布置好，从家里搬来桌子。白天，我情绪激扬在课堂上挥洒，晚上，我挥汗如雨在宿舍给学生补课。

我还实行一些措施，比如：一一结对子，一个好的带一个差的，相互学习，相互督促，共同进步。

有付出就一定有收获，令人振奋的是，我的学生的语文成绩越来越好，到了三年级、四年级，每次语文统考成绩都排年级第一。

有两个男孩子，一个叫卢锦彪，一个叫何磊，每次考试都是垫底的，经过辅导加强，终于赶上来了，家长说："一年级从来不及格，从您教他，一次比一次好，感谢您老师！"

其实这么小的孩子，只要智力正常，只要你有耐心、有责任，多加引导，家长配合，一般是不会落为差生的。

每年有学生转过来，都往我的班插，人数越来越多。

后来，我怀孕了，不再当班主任和教他们语文，这个班的孩子哭着来找我，要我回去做他们的老师。

多少年来，每到教师节，我都收到孩子们的祝贺，尤其是这一班的学生。作为老师，看到学生成长、成材，是莫大的欣慰！

这么苦，这么累，我终于挺过来了，我给学校交了一份满意的答卷，我感到骄傲！

当教师是我的天职，是我的终身职业，我忠诚于人民的教育事业，全面贯彻党的教育方针，全面推进课程改革，积极实施素质教育，遵守教师职业道德。工作中，严于律己，宽以待人，努力成为学生的良师益友。我以高度的事业心和强烈的责任感全身心地投入教育教学工作，我要给学生当一名名副其实的引导者、合作者。我不断给自己"充电"，加强专业知识及理论知识的学习，提高教学水平和管理水平。

近几年来，我考取了国家二级心理咨询师，现在我除了常常关注班里学生的心理健康状态、及时纠正不良的行为外，还协助其他班主任，运用心理知识解决家长的困惑，帮助家长纠正错误的教育方法，促进学生的健康成长！

被需要的感觉很好，今天的我，不仅是一名合格的数学教师，还是学生的贴心人，身心健康的保护者。

我在自己的工作岗位上兢兢业业、默默无闻、任劳任怨，在未来的路上我还将不断完善自己，勤奋工作，开拓进取，提高综合素质，以"重德为本、平衡做人""尊重学生、终身学习"为导向，希望为学校教育教学事业做出更大的贡献。

（深圳市全海小学　符秀凤）

6.此刻我要……

最近网络流行一篇文章《从此刻起：我要》，我对里面的从“此刻起，我要多聆听孩子的心声，而不是急于评断孩子”深有体会。身为一位每学期都要跨好几个班级、面对一两百个学生的一线教师，我深知对学生的了解的重要。由于学科的特点，我每班每个星期都只有两节课，由于课多、班多、学生多，时间、精力有限，有时对学生的情况会掌握得不够清楚，在面对特别班级的时候会感到力不从心。

就拿我上个学期所教的一个班级举例吧。这个班被个别家长戏称为“打架班”，学生很浮躁，喜欢动不动就打架。刚接这个班的时候，我真心觉得这是我从教以来最难上课的一个班：这个班级的学生非常自我，根本不理会同学、老师的感受，根本没有想学习的样子，你甚至会感觉学生是在以与你作对为荣。漫长的第一节课就在这样的氛围中过去了。

一下课，我就去找班主任了解这个班的基本情况，发现这个班有个女孩，在一二年级的时候不仅非常乖巧，学习成绩也非常好，现在却突然变了，变得很叛逆，不爱学习了。从班主任处，我了解到这个女孩最近家里发生了些变化，妈妈生了二胎，在家里多了弟弟，作为一个二胎妈妈我立马意识到了其中的问题，于是我准备从她入手，希望能以点带面，慢慢地把班级氛围扭转过来。于是我利用课余时间分别找她聊天，聆听她的心声，一开始她还不以为然，当我说到她的爸爸妈妈虽然多了个儿子，但他们永远都爱她，就像我多了个女儿，但我也永远都爱我的儿子一样的时候，那女孩突然就哭了，突然就打开了话匣跟我聊开了。从此，不管是在校园里或路上，她遇到我总喜欢喊一声：“老师好！”然后露出一脸天真灿烂的笑，上课也判若两人，真正起到了学习的榜样作用。

从这个小小的案例上，我明白了一个深刻的道理：老师一定要聆听孩子的心声，每个孩子不同的表现都有她的根由，在不了解的时候一定不能急于去评断孩子，否则不仅不能解决问题，还容易伤害到孩子脆弱的心灵。

如果说管理孩子有什么捷径，那就是用心去倾听孩子心灵的声音，想孩子之所想，急孩子之所急。用孩子的眼睛去观察，用孩子的耳朵去倾听，用孩子的兴趣去探寻，用孩子的情感去热爱。

（深圳市全海小学　谭淑梅）

7. Come on， Come on

我自 1998 年毕业后一直从事小学英语的教学工作，开始提笔写这篇文章时，才意识到自己从事小学英语教学工作已有 18 年了。我坐在桌前回忆这 18 年飞逝的时光，体会教学成功的喜悦以及失败的苦涩，回忆与学生相处的点滴触动，发现自己的内心因为牵挂着英语教学，装载着学生而一直充盈且幸福着。

从第一次走上讲台，学生们称呼我为 Miss Huang 开始，我就意识到我的责任是什么，我希望每个学生都喜欢英语、学好英语，并尽我最大的努力去做好这一件事。但是从事教学工作一段时间后，我发现并不是每个孩子都那么听话，总有一些学生，他们不按时完成作业，回家后根本不读英语，单词课文老是背不出，跟不上英语学习而逐渐掉队。对于这样的学生，尽管我课后给他们补课，抓他们的学习，可这些学生面对我的课后辅导常有人逃走，或者一段时间不抓他们学习又恢复老样子。我有些恼火，很长一段时间为此烦恼。后来我发现，其实问题的关键出在自己身上，我的教学，到底能教给孩子们一些什么？仅仅是知识吗？或是应付考试？我所认为的对他们好，抓着他们学习把他们仅存的一点学英语的兴趣都磨灭了。小学英语教学的目的是培养和激发学生学习英语的兴趣，对这么简单的一句话，我理解了吗？我尝试着从维持兴趣出发，来教育这样的孩子。记得教过的一个六年级班里有个叫贺康的孩子，属于刚开始学英语就掉队的，对英语的学习已经谈不上兴趣了，基本上我上课他就在那里无所事事，因为他觉得他听不懂，反正也跟不上了，就这样吧。我了解过这个孩子的状况，知道他的父母从不过问他的学习，知道他其他每门功课都很不尽如人意。我经常跟他聊天，对他说："你现在上课听不懂英语，不要放弃，没关系的。老师教新单词的时候，你一定要认真听，因为每一个单词都是新的，跟你有没有基础没关系，我们就当从零开始学习。你能记得多少，就学到了多少。进入初中后，希望你好好把握机会，因为初一英语也是零起点开始教，会将小学教过的知识再过滤一遍的。所以重要的是你现在不要放弃，你是学得好英语的。"我这样跟他说了以后，他在态度上有了改观，至少他听课的时候是在听了，也陆续地会读会背些单词，我也及时地对他进行鼓励。我没有要求他考试及格，希望他能拾起一点信心和兴趣，希望他能在以后的初中英语学习中跟得上。小学阶段的英语学习是一个开始，他们还要经历初中、高中、大学等很长的阶段来继续学习英语，如果他们这么早就对英语学习的兴趣消失殆尽，那么英语学习将会成为他们终身学习的一个包袱、一件所惧怕的事情。我想教会学生的是英语学习的良好态度和习惯，树立学习英语的信心。

树立信心很重要，在教育教学工作中，我记住了这一点。有两学年我在村小任教，接手的班级英语基础很不整齐，只有两三个孩子基础较好，其余的基础很不好。有的以前根本就没有学英语。这给我的教学增加了不少的难度。但是，再难也要迎头上啊！每次上课，我都要和孩子们一起加油，我总是对孩子们说："孩子们，加油！ Come on，come on! 你们一定会赶上去的，加油。"孩子们也会跟着我说：加油！上课时，我总是要不断地表扬那些发言积极、坐姿端正的同学，有时还会给那些受到表扬的同学一些小奖品。孩子们都非常高兴，并且开心学英语。班上有个叫姜宇的孩子，没有什么英语基础，连英语书写也不会。第一次作业交上来，书写很糟糕，我把他叫过来，教他书写，送给他一个英语本，叫他坚持练习写。后来他的书写有所提高，我及时在班上表扬了他。再后来，他的英语书写写得很好了。每次我来上课，我都不忘了给孩子们鼓励，看到他们充满信心的表情，也同时给了我教学的信心。

心理学研究证明，获得别人的肯定和夸奖是人类共同的心理需要。一个人的心理需要一旦得到满足，便会成为鼓励他积极向上的原动力。对成人是如此，对孩子也是这样。为了保持孩子的这种自信和乐观，学校、教师、父母都应该共同爱护学生，肯定他们的心理感受，体会他们的成败，和学生一起成长，一起进步，为他们的点滴成绩而高兴。只有这样，孩子才会真正成为学习的主人，他们才会主动学习，主动接受教育。

我逐渐悟出这样一个道理，无论教怎样的班级，课堂教学仍然需要扎根于基础，需要让每个学生都能掌握最基本的英语知识和技能，也就是俗话说的"保底"。同时对学有余力的学生提高对他们的要求。也就是说课堂教学要"保底，但是上不封顶"，对学生因材施教，分层要求。英语教学中的点点滴滴，都是我教学经验的积累，也使我的成长经历更加丰富。我相信，我会伴着孩子们一起成长。我一定会成长为一名更加成熟的英语老师。

（深圳市全海小学　黄晓妍）

8.从“他”到“我”

“老师，亮亮和小润又打起来了！”办公室门口照例传来了班长清脆的声音。紧接着，两个胖小子就被几个班干部扭送了进来。我长叹了口气：“说吧，又怎么了。”这样的场景在我们班四年级的时候屡见不鲜，基本上每周都会来几次。进了办公室，吵架的两个人就开始你一言我一语怒气冲冲地指责对方的不是。要么是走路的时候撞掉了对方的文具盒，要么是排队时不小心撞了对方的腰，原本都是些鸡毛蒜皮的小事，可是两个人谁也不让谁，小矛盾升级成为大矛盾，开玩笑的打闹就变成了真拳真脚的打架。我也变成了法官，每天费尽口舌调停各种“民事纠纷”。

可今天，我终于决定要卸任了。在两个人再一次叉着腰打算开始好好跟我报告一下对方的恶劣行为时，我说话了：“来，今天咱们换个方式，谁也不许用‘他’开头的句子，只许说‘我’干什么了。”两个人瞪大了眼睛看着我，嘴巴张开又闭上，脸憋得通红。终于亮亮先出声了：“我就轻轻推了他一下。”小润眼睛一瞪刚要反驳，我给了他一个“我”的提醒。小润眼珠转来转去，说：“我就不小心踩了他一下，他就……”我赶紧打断他：“没有‘他’开头啊”“我就……我就……我就撞了一下他。”接下来的半个小时，两个人就这样在我偶尔出言提醒下吞吞吐吐地把自己干的事一五一十地说了出来。说到最后，两个人都不好意思地低着头，偷偷地用抱歉的眼神看对方。我看着他俩，问：“说清楚没？”“说清楚了。”“那就握个手出去吧。”两个人就拉拉手跑出去玩了。

第二天的班会课，我和孩子们分享了前一天亮亮和小润被送到办公室后发生的事情。引导孩子们对这两个同学能够在打架后想到自己的问题这一点大加赞扬。孩子们也对这两个同学报以热烈的掌声。亮亮和小润在掌声中一脸羞涩地偷偷看了看对方。

在接下来的一段时间里，每次班里的孩子出现这种“民事纠纷”，我都要求他们先自己冷静想想，然后说说“我”干了什么。一个多月后，我办公室的情景已经变成了被扭送进来的同学自动找一个角落自己思考，然后想好了就到另一个孩子那里跟他说自己刚才做了什么事，怎么不太对，两个人说开了就来跟我说一声，然后就跑出去玩了。

又过了好长一段时间，我在办公室门口看到这样的场景，两个孩子你拉我扯地从教室出来往我这里走，边走边说话，说着说着就停住了脚步，然后你望望天，我望望他，想来想去说来说去又拉拉手和好了。

就这样，通过引导学生对冲突矛盾主体认知的转变，我渐渐地从班级法官变成了倾听者，最终让倾听与理解最终进入孩子自身的日常行为中。认知让孩子更好地平息了情绪带来的困扰。理解他人、体谅他人的前提正是对自己的行为举止有所了解，而从互不相让到互相理解的班级风气的转变，也就在孩子们从被动接受批评到主动寻找自己的错误中得到了改变。

（深圳市全海小学　李敬）

9.读懂孩子是真爱

刚刚入学的孩子带着憧憬、欢喜、期盼、梦想……进入了学校的大门，开学第一个月最关键，老师和家长们怎么能帮助孩子做好幼小衔接呢？可是，我们的孩子到底最需要什么呢？——安全感！一年级的孩子可爱极了，时时刻刻都希望老师关注他，每一个孩子都希望老师喜欢他，但每个孩子的变现方式可不一样。作为一年级的老师，你能读懂孩子们吗？

镜头 1：趴在地上听讲的丁丁

那天课上，班里每个孩子都在认真地听讲，积极回答问题。这时，班里的嘉嘉正在桌子底下听讲呢，从桌子下面露着一个小脑袋瓜，睁着圆圆的眼睛，笑嘻嘻地看着老师。老师看到了，笑嘻嘻地讲课。过了一会，老师又在桌子底下看到了“笑嘻嘻的丁丁”。老师也看到了，仍然笑嘻嘻地讲课。丁丁过一会就做好了。这时，老师马上表扬做好的丁丁。

老师读懂了丁丁的“心”：其实，丁丁就是想引起老师的注意和喜欢，他趴在地上听讲，不是故意捣乱。如果老师这时在班里批评这种现象，就会伤害这个孩子的自尊心，其他的孩子也会不经意地去模仿。其实，在孩子的起步阶段，孩子们的想法非常可爱和天真。他们永远希望老师喜欢他们，希望老师爱他们。所以，我们要不断地进行表扬和鼓励，尽量少在孩子面前发脾气。同时，我们还要告诉孩子什么是对的、什么是正确的、什么是美好的事情，让孩子向正确的方向学习。

镜头 2：爱喝水的婷婷

班级还有一个长得又高又壮的女孩子——婷婷，从外表看去你一定会认为她是一个二三年级的孩子。其实，她是一个“个子高高，心理年龄较小”的孩子，实际上她还没有班里个子最矮的孩子心理年龄大。刚入学的几天里，上课铃刚刚响过，她不是去喝水，就是去上厕所，好像故意和老师作对一样。刚开始，老师会批评她或说说她。经过几天的观察，老师发现她其实是个非常喜欢老师，也很喜欢上学的孩子，根本没有和老师作对的意思。只是，她的年龄较小，还不太适应学校的生活。后来，老师改变了教育策略，不仅不当着全班孩子批评婷婷，而且经常找到孩子的闪光点去表扬她、鼓励她。当老师发现她出现了一些和班级同学不一致的现象时，就轻声细语地给她讲道理。瞧，没过几天，她就和全班同学一致了，养成了好的学习习惯。

镜头 3：果果爱心盒

刚入学的一年级孩子不会处理问题，遇到问题后表现出紧张、焦虑、哭泣、不知所措、不会求助等情况。其实，孩子们有简单的“互相帮助、乐于助人”的意识，但孩子们不知道应该怎样去帮助别人，不知道通过什么样的方式和渠道去帮助别人。因此，老师和家长要先和孩子们共同成立一个“共同播撒爱心”的地方，然后用一些小策略帮助学生解决问题。以前，老师有时候会看到孩子们捡到尺子、橡皮、铅笔不知道放到哪，有时候还会看到孩子们上课写作业时找不到尺子、橡皮、铅笔着急，所以，我们班成立了“果果爱心盒”，就是在孩子们写作业时找不到学习用品就可以来这拿，那里有铅笔、橡皮、尺子、转笔刀等学习用品。同时，孩子们以后捡到了铅笔、橡皮、尺子、转笔刀等学习用品也可以放到这里，这里就是“播撒爱的地方”，帮助我们每一个小孩子，无论谁有困难，“果果爱心盒”都会帮助他的。现在，孩子们最喜欢去的地方就是——果果爱心盒了，他们经常把捡到的学习用品放到盒子里，有时也会去那里拿自己需要的学习用品，有时上课时也会去那里拿呢。总之，在孩子们最需要的时候，“果果爱心盒”就成为他们的好伙伴，它成了学生们最喜欢的地方。后来，“果果爱心盒”长大了，成了“果果爱心角”，只要是孩子们捡到的东西，如校服、纸巾……都会放到那里，孩子们想找什么也会去那里。我们盼着“果果爱心角”继续成长，长在每个学生的心坎里。

因此，对于教育刚入学的孩子，我们老师要格外小心，要用心去读懂孩子，要保护好孩子的童真、可爱和最重要的上进心！让我们的孩子时时刻刻都感受到我们成人用心在保护和关爱着他们！

（深圳市福强小学　邓甸）

10.多一分温和与等待

课间十分钟，我正埋头批改着作业，一路打钩，批到李安洲的作业时卡壳了。只要看到那“李氏字体”，不用看名字就能认出是他。一看到这个作业本上的字写得歪歪斜斜、错字连篇，当时我的火气就上来了，立即叫同学把他“请”到我的身边站着，他的作业本上有两个错别字了，我用红笔重重地圈了出来，一脸严肃地说：“千叮咛，万嘱托，不要写错别字！要仔细检查！你为什么老听不进？”声音不高，分量却很重。说完，我抬头冷冷地看了他一眼，想从他脸上找到悔过的表情。他没有说什么，眼睛睁得大大的，眼神好特别，我蓦然发现，一种从心底流淌的渴望、一种对学习的热情正在悄悄地消逝，他的整个表情变得木然，我的心为之一颤。

等他走后，我又重新审视这份作业：字的“个子”缩小了许多，一笔一画写得重重的，十分清晰有力；在此次作业后他还默写了词语，哦，相当于做了两天的作业呀！我着实吃惊不小，不由地翻看起他前阵子的作业，他现在的作业比以前整洁了，字迹端正了，每天能按要求完成作业，这是以前从来没有过的，而我居然一点没有察觉。此时我突然记得前两天我发作业的时候，他老是悄悄地翻看优秀作业的名单，而我当时还曾不屑一顾地阻止他……据我跟家长的沟通，了解到孩子认识到自己要多练字，也非常羡慕那些被表扬的同学。还记得安洲主动提出买字帖练习的情形。噢，我对他做了什么？猛然间，我仿佛看到了他那带着期盼的眼神了，仿佛一下子明白了眼神的所有含义……这份作业好沉，这是一个孩子用“心”写的，一个简单的对错符号只能来判断作业的正误，而面对一份真正有质量的、蕴涵着特别价值的作业，必须以自己的一颗真诚的“心”去发现、去触摸、去呵护……

因为懂得了，所以也特别珍惜。我在他的作业本上工工整整写上了一个“A”，画上了鲜红的“星”，还特意画上一张迟到的笑脸。

上课铃响了，我夹着作业本，迈着轻快的步子走进了教室。教室里特别安静，我习惯地把教室扫视了一圈后，笑了笑，说：“同学们，这次作业许多同学都全对，我非常高兴。”边说着，我边举起了一叠作业本，稍作停顿，我接着说：“告诉同学们，今天老师还发现了一份最满意的作业，你们猜，是谁的呢？”不待我讲完，同学们就一下子把目光投到班长沈泓旭的身上。我再一次停顿了一下，激动地大声宣布：“李安洲！虽然这次作业中还有两个小失误，但老师相信这份作业是他最努力也是他最优秀的作业。”从同学们的眼神和小声地嘀咕中，我看出了他们心中的疑惑。于是我翻开作业本，把上面的“A”和鲜红的“星”

展示给大家。“请同学们用掌声向安洲表示祝贺！”我给他奖励了小红花，并带头鼓起了掌，随即，教室里响起热烈的掌声。此刻，我望了一眼他，内向的他腼腆地笑了。

我也反省自己的一言一行，多一份温和，少一份谴责，这样孩子学习会更快乐。此后，这样的“特批作业”多了起来，孩子们的作业质量提高了，特别是那些平时作业马虎的学生也在为得到红花而努力进步。我想，关注每一位学生的成长应该从这些不起眼的点滴做起，才能使其不成为一句空话。

（深圳市全海小学　陈秋苑）

11.辅导行为问题学生有感

我们班有一个学生，小张，下课总是到处乱跑，上课总是坐不好——好像凳子上布满了钉子，一坐定就痛。更让人头痛的是，他上课老搞小动作、走神、拿同桌的东西，有时甚至特意在课上冒出一两句话引起哄堂大笑，有时还自言自语，严重影响到同桌及周围同学的正常听课。下课还打架，不是打这个，就是骂那个，还在课间自己脱掉裤子，光屁股给别的同学看，还去亲别的女孩子，投诉他的同学可从来没有停止过。真让我头痛，但我还是要把班管好，教育好他。我开始找原因了。

我发现，自制力差，这是他自身原因。据我平时对小张的观察，该同学的学习习惯比较差，爱动，爱讲话，经常管不住自己，不仅是在我的课上，其他课上也是如此。他的这些行为正是缺乏自制力的表现。

我苦口婆心跟他谈话，讲道理，但效果维持不了多久，小张从一至三年级由于调皮捣蛋，被投诉的次数可以说是十个手指头都数不清的。从一年级开始老师就自叹黔驴技穷，便让他坐着写反思："好好想着，好好反省。"起初，还坐得挺好，老师一转脸，瞬间就换了副面孔——一会儿跟同学挤眉弄眼，一会儿踮起脚来东张西望，一会儿哼哼唧唧。到后来，这些都毫无效果了。后来，我改变了方法，对症下药，实施有效措施。

（一）从家庭入手

人创造环境，环境也创造人。环境对于孩子的影响，正如鸡蛋与温度。没有适宜的温度，鸡蛋永远也变不成小鸡。

（1）榜样的原则。以身作则，身教重于言教，这是家庭教育的最主要的原则之一。俗话说：欲教子者先正其身。这是告诫做父母的要严格要求自己，时刻不要忘记旁边有个正在成长的以你为榜样的孩子。我与小张的家长约法三章，多花点时间和精力在孩子身上，改变他的不良习惯！

（2）教育一致性的原则。儿童的健康成长是学校、家庭和社会诸方面教育共同影响的整体成果。如果各行其事、彼此矛盾或互相抵消，教育是不会成功的。家庭教育也是如此，要密切配合学校和老师的教育，使各方取得意见一致。我与小张的家长约法三章：出现了问题就尽量寻找方法去解决，而不是只把责任推给老师，而自己作为家长则无动于衷！

（二）从学校入手

自制力是儿童善于控制和支配自己行动的能力，是一种重要的人格特征和心理素质。它可以克服任性、多动的毛病，逐步形成自我控制、自我约束的意志和能力，有助于孩子的成长与今后的不断发展。针对小张自制力差的特点，我常找这个孩子单独谈话。在谈话中，我肯定了他的优点，告诉他，他是个思维活跃的孩子，老师非常喜欢他，可就是在课堂上有时有点控制不住自己。如果他能坚持改正这个小缺点的话，一定会成为一个优秀的孩子。老师期待着他的表现。孩子有点不敢相信但又有点欣喜地答应了。而当课堂上他再开小差时，老师一个带着微笑的眼神，或者是凑到他耳边低低讲几句话，他马上就认识到自己的错误，立刻带着腼腆的笑容改正了。

通过家长、同学、老师的努力，小张的自我控制能力有了明显增强，注意力也比较集中了，作业书写认真，特别是抗干扰能力已初步形成，在课堂上不会自言自语了，能够静下来坐在教室里了，学习也有了较大的进步。

是啊，教育无小事，事事皆育人！每个孩子有每个孩子的特点，我们老师要便扮演好“心理医生”的角色，我们要以对学生终身发展高度负责的精神来重视其心理教育，每一位老师都应该明确自己是学生的心理顾问及心理保健医生这一特殊角色，应及时发现他们的心理问题，利用班集体的优势和特点，向学生进行心理教育，满足其心理需求，使他们有理想、有抱负，追求美好的生活，增强承受各种心理压力和处理各种心理危机的能力，提高心理素质，以迎接未来社会的严峻挑战。要培养学生良好的心理素质和健康的人格，需要有一颗阳光之心，把光和热洒向每一个孩子，这样就可以造就一个生机盎然、绿意蓬勃的美丽世界，让孩子能更健康地成长。

（深圳市全海小学　庄素芬）

12.孩子，你慢慢来

“又是他，总坏事，不然我们班就第一了。”接力赛结束后，孩子们边三三两两继续体育活动，边传来我意料当中的埋怨声。我很理解他们的心情，如果没有男孩的失误，大家应该会扳回失利的局面而赢得比赛，可偏偏胜利在望的那一刻，他手中的接力棒掉在地上，我们与冠军失之交臂——的确会有遗憾。看到人群早已散去后那片空场上他一动不动的身影，烈日下，肩膀一耸一耸的，我知道，他是最遗憾、最难过的一个——男孩哭了，很伤心。甚至我走到身边，手轻轻搭在他肩上都没有任何反应，应该是不知如何表达自己的愧疚心情，刚刚被吹干的泪痕再次盖上又流下的眼泪。让他哭一会吧，此刻的任何劝慰也只能增加他的难过。

我什么也没说，只用手抚着男孩满是汗水的头，他终于肯抬头看我，一双湿润的眼睛依然写满懊悔，我试图去擦干，可还会有眼泪从指间滑落，很心疼。我微笑着说：“对自己失望了吗？”他看着我，没说话。“你知道刚才你跑得有多快吗？我们没有选错人。”他的眼睛里闪现了些光芒，瞬间又消失了。“一定很开心可以参赛吧，那是大家对你的认可，可是你觉得自己影响了班级成绩，让我们失望了，是吗？”他点点头，“是啊，难得后面几个同学赶上来有希望得第一的，他们的确会遗憾，但不代表你没努力过，也不代表你不失误我们就一定是第一名，所以别把责任都推到自己身上，我们不会怪你。”男孩的眼泪干了，晒得发红的脸上分不清是汗水还是泪痕，我看他渐渐平静，就拉着他的手慢慢走向同学们游戏的地方，快到的时候他显然有些躲闪，我搂着他的肩，早已被汗水打湿的运动装让我知道比赛时他有多卖力。走到班级活动的地方，继续我们的交谈，刚刚还有埋怨的孩子们凑过来，我对男孩说：“谢谢你刚才那么尽力，我们可以把这次比赛的经验和教训记住，以后还有好多机会展现呢，下次你还参加，好不好？”他的表情发生着一次又一次的变化，我没有刻意去看，但记住了最后投向我的充满感激的眼神。围观的孩子听了，也不再抱怨，而是充满信任地对他说：“我们没有怪你，别难过了，下次我们肯定第一名！”我很欣慰，告诉他比赛和做事一样，要调整好状态，也要讲究方法和技巧，用心就会有成效。他应该明白我有所指，用力点点头。我示意他去和同学们游戏，他还是有些犹豫，还是平时最调皮的一个男孩拉他过去，才终于迈出那一步。这一步意味着什么，我和他都懂。

这个男孩转来我们班有一年的时间了，他总觉得同学们不喜欢和他玩，感到很孤单，甚至偏激地认为大家都瞧不起他、有意孤立他。这样的想法不是没有根据，因为一向好动的他无论课堂上，还是课后，总会有一些令人莫名其妙的表现，让孩子们觉得跟他玩不到一起。其实他们不知道，男孩的这些表现仅仅是为了引起更多人的注意，他不想孤单，只是选错了表达的方式。了解他的感受，我经常鼓励他找到自身的原因，改掉坏习惯，老师会看到他的每一点进步，同学们也会感受到他的变化。男孩的确在努力，只是很难坚持，所以只要有机会，我都生怕错过表扬他的机会，因为不希望这个集体中的任何一个孩子被冷落，我要他们每天都尽可能感受到在这样一个集体中学习和生活有多快乐。听说有接力赛的时候，体委选参赛队员，男孩显得很积极，我特意了解到他跑的速度还可以，就提醒体委别忘了写上他的名字，他显然很开心，我也为他高兴，因为我们都觉得这是一个很好的表现机会。事情的结果虽然意外，但也带来更意外的收获。

毕竟是孩子，那么天真，刚刚还热烈讨论着比赛的事，这会儿就完全投入到游戏中，我看到他已经和同学们一起在活动，脸上也恢复了应有的阳光，静静地想着该如何继续帮助这孩子继续进步，让他用事实证明自己是可以做好的，让他获得同学们真正的认可。思绪被雨点打断，我让孩子们赶紧离校，这时，男孩走到我面前，很郑重地向我鞠躬行礼，说："张老师，真的很谢谢您！"我笑了，笑得很轻松，鼓励他努力就会进步，也鼓励自己不要轻言放弃。

孩子，让我们慢慢来。

（深圳市福强小学　张璐）

13.孩子的可爱，你发现了吗

在教育教学中，善于发现孩子的一切可爱之处，是使一个孩子走向成功的重要因素。毋庸置疑，发现孩子的可爱，用欣赏的眼光与孩子相处，定能促进孩子的健康成长；发现孩子的可爱，是为师的智慧，是教育的灵性；发现孩子的可爱，还是教师解脱职业倦怠的重要能力，亦是走向教师职业幸福之道的关键心态。

在日常烦琐忙碌的教育实践中，笔者亲身体验的一个个教育故事，印证了我们通过发现甚至是挖掘孩子的可爱之处，可以达到成就孩子、传递快乐、享受教育的目的。

故事一：老师，您吃了吗

一大早，我在办公桌前整理作业本，平日调皮捣蛋的俊贤同学蹑手蹑脚地走进来，举着一块巧克力，“老师，给您！”“老师吃过早饭了，你吃吧！”“给您！”他放在桌上一溜烟跑出去了。过了一会儿，他又折回来，凑到我耳际：“老师，您吃了吗？”看着他期待的眼神，我拿起巧克力狠咬了一口，“嗯，好吃！”顿时，他的脸上露出兴奋又骄傲的神情，“老师，我爸说您打电话表扬我啦，这巧克力是从香港买回来奖励我的，我也觉得好吃！”

类似这样的情景，想必许多老师都遇到过。我们的孩子就是这么简单可爱，你对他们好，他们就对你好；你心里有他，他也会想着你，甚至乐意把自己心爱的东西分享予你。那一刻，我觉得俊贤同学非常可爱，能感受到这份可爱也是为师的莫大幸福。

故事二：记得要天天 Happy

“记得要天天 Happy 呀！”

这是孩子送给我的绘本贺卡扉页上的一句话。

清晨，我刚跨进教室，瘦小清秀的紫胭同学跑过来，递给我一本自制的小贺卡，“老师，节日快乐！”我的脑海马上如闪电般检索着今天的日子，但还是丈二和尚摸不着头脑。我不禁追问：“哦，今天是什么节日呀？”“老师，快过年了，今天是最后一天考试，我怕这学期见不着您了，提前祝您节日快乐！”我摸摸紫胭的小脑袋，欣然地接受了这份纯真的祝福。

我迫不及待地打开贺卡，这是一本粉色的彩纸剪的贺卡，共有四页。每页都绘有一幅图画，并配有一句话，像本小型的绘本。虽然做工略显粗糙，但可以看出用心极致。

贺卡的第二页画着一位小姑娘，头披齐肩长发，身着一条蓝色连衣裙，脚蹬一双黑靴，还真有点像我平时的装扮。画边工整地写着：“在新的一年里，祝您心想事成！越来越年轻！”

贺卡的第三页画着一个滑稽的木偶人：头戴礼帽，大鼻子，咧着嘴，手举牌子：Happy！ Hello，李老师。下面配有一行字："祝您天天开心，不要生气，生气会变得难看哟。"

……

也许是人近中年，容易多愁善感。看完这绘本小贺卡，我的鼻子竟然酸酸的，一股教师职业的幸福感油然而生。

感动之余才发现我竟然忘记跟孩子说点什么。我招招手，示意紫胭靠近，我捧着她红扑扑的小脸问："孩子，你一定做了很长时间吧？"

她笑而不答。

"老师很喜欢，谢谢你！"

她笑得更灿烂了，瞧着她可爱的样儿，我也会心地笑了。

故事三：喵喵应答记

"李明，今天期末考试，你一定要抓紧时间哟！"

"喵。"

"必须把作文写完。"

"喵。"

"如果你不认真完成试卷，老师会不高兴的！"

"喵喵。"

这是我在早读巡堂时跟李明同学的一段貌似人猫的对话。看到这一幕，也许有人会拍案而起——这简直就是"目中无师"嘛！然而我却柔顺地摸摸他的头，感到很欣慰。这并不是因为我有多好的修养，而是因为这是一个特殊的孩子，在他的身上发生过许多特别的故事，我也就相应地做了一些特殊的处理。

李明，一个10岁的男生，戴着一副黑框眼镜，腼腆清秀，性格孤僻，易情绪化，动作慢，泪点低，爱阅读，爱咬东西，爱学猫叫。

刚接班的第一堂语文课，我在黑板上板书完转过身来，发现教室空了一个座位。正纳闷之际，却听到班长的声音："李明钻桌子下面了，不用管他，他以前老是这样，老师也不管他。"在第一次课堂作业时，又是李明撑起双腿架在桌子上休闲着呢。记得第一次学习小组离座位合作学习时，还是李明坐在座位上岿然不动，全然不理伙伴，浑然不知合作……

就是在这样诸多的"不正常"中，我慢慢地了解了他，慢慢地理解了他，慢慢地宽容着他，也慢慢地改变着他。慢慢地，我在他身上发现了许多"可爱的缺点"。像开头的喵喵应答，就是他独有的可爱之处。起初，我让他做什么的时候，他要么不理睬我——生闷气；要么就撒娇——不要嘛。慢慢地，他若能欣然地答应你的要求时，他就会像开头那样“喵喵”直叫。

学期末我设置了三个最丰厚的奖赏：一个是功不可没的最优班干部奖，一个是成绩最优异的学习奖，一个是进步最大的同学奖。当在民主测评时，同学们一致认为最大进步奖应当颁给李明同学。当李明同学从我手中接过沉甸甸的奖品时，教室里立刻响起了雷鸣般的掌声。当我把本学期最后一次倒垃圾的任务交给李明时，李明又欢快地“喵喵”应答着，那可爱的猫叫声至今还幸福地在我耳边回荡……

透过以上三个真实的教育小故事，我深刻体会到，能以欣赏的眼光发现孩子的可爱之处，这既缘于老师的职业境界——心里装着孩子；也缘于老师独有的职业敏感——时时处处关注孩子们的异常表现。“别用那单薄的一纸试卷评价我们的孩子，他们身上还有很多更棒的优秀品质等待我们去赏识，还有更可贵的潜力等待我们去激发。”孩子不缺可爱，缺的是发现的眼睛！

（深圳市福强小学　李艳俊）

14.孩子的心是玻璃做的

在小学教学第一线干了25年，在日常教育教学工作中，经常感受和体验到一些难以忘却、具有深刻印象的事情。这些小插曲有时令我振奋、令我激动；有时令我感慨、令我惊诧。而在这么多大大小小的教育教学故事中，有一件事却让我刻骨铭心，它让我自责，让我久久不安，也一直鞭策我以后的教育教学工作。

那是刚工作的第二年，我当时在内地一所实验学校教三年级的数学，因为学位紧，每班差不多有八十人，对于刚毕业的我来说，组织教学是我最头痛的事。当时学校规定，学生一星期只能周二这一天可以自由地穿自己的衣服。班里有一个男孩叫刘东京，既聪明又调皮，自控能力特别差，常常在课堂上给老师添乱。他每到周二这一天就穿着一件黄色的毛衣，前面绣着大大的“好小子”三个字，非常漂亮，也很适合他虎头虎脑的可爱形象。又是一个星期二，在课堂上，刘东京像往常一样接嘴、搞小动作，甚至把前面女同学弄哭了。所以那一堂课上得很辛苦，下课后我满肚子火地把刘东京叫到办公室，劈头盖脸地就给了他一顿批评，并指着他的衣服说：“还好小子呢！你自己看看你的行为符合好小子的称号吗？”他当时什么都没说，低着头离开了办公室。接下来的几天，刘东京特别安静，我上课顺畅多了。我也为那次训话得到的效果暗暗高兴，工作忙起来也没怎么注意刘东京。大约过了一个月，我在市场上碰到了刘东京的妈妈，聊了几句，她无意中说起他儿子这段时间的变化：安静多了，好像有心事。更奇怪的是再也不肯穿他小姨给他买的那件衣服了，他原来是最喜欢的。我一惊，忙问：“是不是那件‘好小子’的黄色毛衣。”回答是肯定的，我当时简直无地自容，只好怀着歉疚的心情把经过跟他妈妈说了。他妈妈还客气地安慰我说：“没关系，小孩子过几天就没事了。”在以后的教学工作中，我特意地多接近、多表扬刘东京，并找他谈话，跟他道歉，还特别提到那件“好小子”的毛衣，跟他说你现在已经是好孩子了，可以配上“好小子”的称号了。他当时就流了泪，还是什么都没说。在这之后，我盼着星期二，盼着他穿上“好小子”的衣服。但我一次一次地失望，心也一次一次地收紧，他一直都没再穿那件衣服。我已经深深地伤害了这个孩子。

二十几年过去了，不知他是否还记得这件事，但我经常会想起这件事。它让我自责，让我明白：作为老师，一句话、一个眼神、一个动作有时可以影响孩子的一生。这件事也时刻提醒、鞭策我：在平时的教育教学中，千万不要伤害孩子幼小的心灵，因为孩子的心是玻璃做的！

（深圳市全海小学　高青梅）

15.花开的声音

桌面上摆着同学们喜欢的小物件，于是教室便成了一个小展览会，孩子的脸上掩不住的兴奋，有的同学眼睛一直盯着自己的小物件，生怕它不翼而飞；有的同学则左顾右盼，欣赏着周围同学的宝贝。是呀，这一堂课，我们要上的内容是情景说话：“我心爱的小物件”。没等我刻意地组织课堂教学，孩子们自己就憋不住地说起来、举起手。

李少维站起来说：“我的米老鼠最漂亮。”

“为什么呢？”我微笑着问道。

“因为……”李少维显得有点紧张，嘴巴动了几下，想说又不知从何说起，但是马上举起了漂亮的小米老鼠，想以此证明。

“是很漂亮，老师看到了，同学们也看到了，能不能让看不到它的小朋友也知道它的美丽呢？”一言出，激起千层浪。

“可以介绍它的样子。”一个孩子插嘴道。

“别忘了，要按一定的顺序。”另一个孩子补充道。

“还要用上优美的词语和适当的比喻句。”

“还要说一说为什么喜欢，这样才能证明是最心爱的。”

孩子们七嘴八舌地发表着自己的看法。我心里好高兴，这不就是这堂课要教给学生的教学内容吗？其实让学生说，让学生写，不是一件困难的事，只要多为他们创设情境，只要他们有生活的体验，怎么会无话可说呢？巧媳妇难为无米之炊，何况是刚刚作文起步的学生呢？

接下来，就是学生争先恐后地按照他们刚才讲的方法去介绍自己的小物件，有时真有想不到的妙语从他们的小嘴里冒出来，真是一种享受。

曾听过一位非常谦虚的特级教师做过的报告，他说：“我们是幸福的，因为每天我们都在倾听花开的声音。”是的，花开的声音真的动听。

（深圳市福强小学 李丽红）

16.教育之路，爱先行

不知不觉，我站上三尺讲台已有14个年头，回顾过去教育中的点点滴滴，我最大的感触就是：教育就是爱的教育。

还清楚地记得她——亭。她是一个特别的孩子，智商处于临界值，父母不愿把她送到特殊学校，所以在一年级新生报名的时候隐瞒了孩子的真实情况，从而顺利进入我校，并分到我所教的班级。

亭长得白白净净，相当可爱。当她不说话时，你完全看不出她和其他孩子有什么不同。可事实是：近7岁的她只有4岁左右孩子的智力与行为能力。因此，她完全没有办法适应规规矩矩的课堂生活。于是，校园里常出现这样一幕：上课的老师在班上认真上课，我则满校园地寻找亭的身影——有时在别班的教室，有时在不同的楼层，有时在学校厨房，更多的是在操场和植物园。不光如此，课任老师们也纷纷投诉：亭在课堂上大喊大叫；亭在课堂上走来走去如入无人之境；同学写字时，亭突然去扯他们的本子；亭把同学好看的笔带回了家……最“吓人”的一次是在课间的时候，老师一下课，她人影不见了，再一看，她正顺着水管爬，已经快爬到二层楼高了……安全无小事！为此，我没少找亭的妈妈。为了亭，亭妈妈做了一个至今让我想起来仍觉震撼并为之深深感动的举动——辞职。

辞职后，亭妈妈找到学校领导，提出陪同申请，校方考虑再三，最终应允。每天，她送亭到校后，就坐在学校大堂旁的花坛边上。亭在上课，她就拿出随身带的书看；下课了，她就把亭领到身边，教育亭上课要专心，要听老师话，要跟同学好好相处……我邀请她到办公室坐等，均被她拒绝。她说，她在会影响老师们办公……多么善解人意的妈妈！在她的陪同下，亭有了很大转变，虽然在上课时仍会不时走动，但再不会跑到外面去，也没有再拿同学的东西，作业更是从不拖拉，有时还能回答问题，协助同学一起打扫卫生……不过，即便如此，她的“与众不同”还是被同学传回了各自的家中。不少家长在电话里提出自己的担忧，我把亭的情况和亭妈妈的做法如实相告，通情达理的家长表示同情与理解。家长的工作算是做通了，可是孩子们却无法体会，于是“笨蛋”“傻瓜”这类字眼从他们稚嫩的嘴里蹦出。我很痛心，我该怎么教育这些孩子？该怎么帮助亭呢？

偶然的机会，我看到这样几个教育故事：《宽宏大量的品德》、《珍妮的帽子》、《天使之翼》。看完后，我深受启发。我想，也许我可以用爱感化他们，唤醒他们心中的爱。于是，我利用班队会课声情并茂地将这些故事讲给孩子们听，并告诉他们，亭需要我们的帮助与接纳。有空的时候，我会带着亭跟其他同学一起玩，当亭的表现有进步时，我在班里大力表扬，我会把亭认认真真完成的作业在班里作展示……渐渐地，欺负亭的身影少了；当有人嘲笑亭时，有人站出来维护了；课间，也有孩子主动找亭玩了。亭告诉我，她很开心……

至今，我脑海中还不时会想起亭那张纯粹无邪的笑颜，那个一看到我就会笑着对我说："张老师，我好喜欢你！"的女孩子。我想，我应该对她说谢谢，因为她让我懂得：爱，可以让人学会理解，学会包容，学会关爱……

（深圳市福田区全海小学　张华丽）

17.乐为师者

2003年的6月，我带着只有一岁四个月的女儿离开了生我养我的四川，离开了我已工作8年的成都龙泉实验小学，来到深圳。因为爱人在这里，为了有一个完整的家，我忍痛辞掉了工作，准备将自己的青春热血播撒在深圳这片教育战线上。就这样我成为一名全海小学音乐代课老师，两年后得到领导的信任接任了少先队大队辅导员的工作，至今已是11个春秋！一直以来我同时担任着四个班的音乐教学工作，深感荣幸。我的担子重，任务多，可我告诉自己：我年轻，有活力。所以我有工作的热情，虽然非常辛苦，但是也是非常快乐的。如何搞好少先队工作，把工作做出特色，这是我的努力方向。这些年，我努力实践“三个代表”重要思想，坚持党的路线、方针、政策，努力提高自己的思想品质和道德情操，做少年儿童的表率。本着服务社会又教育学生的原则，坚持一手抓教育教学工作，一手抓少先队建设的工作方针，一步步落实少代会精神。我热爱少先队事业，积极开展少先队工作。用我的真心去关爱学生，用我的真爱去温暖学生，用我的真诚去感动学生。不断积累工作经验，我以辅导员特有的敏锐和细致，针对孩子点点滴滴的小事，塑造他们的心灵，培养他们的品质。我幸福地在这个平凡的岗位上播洒汗水和爱心，收获快乐和希望。我最清楚自己的追求——做一个擅长活动、善于研究的新时代新型辅导员。

（一）拼搏在闪光的红领巾事业中

在辅导员工作中，我不断更新自己的知识结构，自觉学习少先队工作的新理论，研究和探索少先队工作的新方法，不断提高自身素质水平，边学习边实践，努力探索一条符合本校实际情况的少先队工作的新路子，形成少先队活动特色——既有思想性、科学性、趣味性，又有适应性、可行性、实践性，为少先队工作开拓了一片广阔天地。例如，完善各项制度，切实抓好少先队的基础建设。

（1）加强辅导员的队伍建设。我们坚持开展好每学期一次辅导员工作经验交流会，还运用专题讲座、报告会等形式，聘请上级有关部门同志来校讲座，组织学习、研究，以提高辅导员的少先队工作水平。

（2）加强少先队组织建设。切实抓好大队部、中队部的两级管理网络，结合建队日举行全校师生参加的大规模新队员入队仪式，并一直实施队干部竞选上岗制度，每学期举行一次队委会竞选演讲活动。完善少先队自我管理模式，在队委中，成立队员的自我检查小队，做好平时的检查与抽查工作，使学校纪律严明，排队有序，环境干净整洁，学生文明有礼。

（3）加强阵地建设，优化育人环境。加强红领巾广播、黑板报、宣传橱窗等阵地建设，学校宣传橱窗每月一期，班黑板报每月一期。红领巾广播本着“来自学生，服务学生”的宗旨，开展了每期一次“校园之声”播音员的选拔活动，坚持以“亲切的声音，精彩的节目”吸引学生，除同学来稿外，播送七彩童话、时事纵横、科幻故事、快乐童年、英语沙龙，使之成为同学们午后踏入校园时的一杯杯“清茶”。这些阵地极大地吸引了广大少先队员，是队员陶冶情操、增长知识、展示特长的好处所。

再如，抓规范教育，重习惯养成。

（1）加强对学生行为规范的学习和教育。每学期初组织学生重温《小学生日常行为规范》和《小学生守则》，以进一步规范学生的日常行为。

（2）开展“班级值周制”活动，制定了《文明班达标评比细则》，并不断完善其内容，扎实开展争创活动。根据素质教育的要求，进一步完善了班级工作的考核，每周评选“纪律”和“卫生”流动红旗，期末评出“优秀学生干部”、“三好学生”、“六美生”等，全校近 50% 的学生被评上各类奖项，使全校形成班班争先、人人争优、比学赶超的良好氛围。

（3）进一步改进升旗仪式。制定“升旗手”、“护旗手”进行竞争上岗、择优录用的制度，国旗下的讲话安排也侧重思想教育和上周小结，使升旗仪式既成为对学生进行爱国主义教育的课堂，又是学生自我教育、展示自我才能的舞台，更是表彰先进、树立榜样的阵地。

（4）加强安全法制教育。每学期，我们都采用走出去、请进来等途径对学生进行法纪法规教育。口岸交警大队、沙头派出所、福宝派出所警官多次来我校做讲座，把安全教育工作作为学校工作的重中之重。

（5）开展心理健康教育。心理健康教育作为德育要素之一，在学生的成长历程中起着举足轻重的作用。大队干部协助心理老师开展双周的“灿烂心理”广播栏目，讲解健康心理知识和解答学生的心理困惑。

（6）开展环保教育活动。通过组织各中队举行“爱地球，爱家园”主题活动、“六·五世界环境日”宣传活动、水资源教育活动，进一步让师生们提高环保意识。

（二）用爱心谱写教育的篇章

曾经听过一位教师这样说过：“真爱在心，享受孩子。把自己的理想、青春、快乐、幸福融入到为孩子们的服务中去，感受到的必是质朴的泥土的芬芳。”“用心灵倾听孩子的心声，用激励点燃孩子的自信，勤奋努力，奉献爱心”是我当辅导员的信条。在工作中，我注重有风格、有创新、有品位，力求用独特有效的方式，对学生达到最佳的教育效果。热爱学生是一种强大的教育力量，我像父母爱子女那样热爱自己的学生，把爱的感情毫无保留地、全心全意地倾注到每个学生身上，用爱的感情去打开他们的心灵之门，启迪他们的聪明才智，激励他们的进取心，使他们茁壮成长。因此，我的工作细致入微，每一位学生我都平等对待，倾注满腔的热情。

（三）以尊重为原则，培养孩子们自主自立的意识，鼓励队员个性化发展

自主意识是人的意识的本质特征，要使孩子们的个性获得健康的发展并适应社会，必须培养孩子们的自主意识，让孩子们能正确地认识自己，看到自己的优缺点，通过自我调控，保持健康的心理状态，养成良好的行为习惯。孩子的心是一块神奇的土地，种上合适的种子，就会有花朵绽放。在少先队活动中，首先我很尊重队员的意愿，听取队员的意见，营造了民主气氛，做好孩子们的参谋，让队员自主地开展活动，在活动中认识自我，培养孩子们自主自立的意识。如：擅长朗颂的，我就鼓励他们参加“红领巾”广播站的播音员竞选，成为一名小小播音员，为老师和同学们服务；口齿伶俐、端庄大方的，我就培养他们做主持人，主持升旗仪式或者文艺演出节目；节奏感好的，我就培养她做学校鼓号队的指挥。总之，不同的幼苗，浇灌得当，施肥恰当，都会茁壮成长。

（四）根据少先队员的心理特点，组织开展丰富多彩的教育活动，寓教育于活动之中

在11年的辅导员工作中，我成功组织开展了一系列教育活动：“深圳市童话节”活动、“深圳市中小学弘扬和培育民族精神月”活动、“福田区南粤助残——救助残疾儿童康复”活动、“小公民道德宣传”活动、“丛飞纪念邮折”义卖活动、深圳市中小学“深圳关爱行动”、“向丛飞叔叔学习，交一元特殊队费，建一所‘手拉手’学校”的活动、“深圳市校园节约用水”活动、“抗震救灾，全海有爱”活动。尤其是在组织的“学丛飞，知荣辱，见行动”系列活动中，使整个校园充满着人文的关怀，让丛飞精神既散发它既有的光芒又体现着时代的朝气。成功策划开展的福田区少先队“学丛飞，知荣辱，见行动”观摩活动暨全海小学“以丛飞叔叔为榜样，传递爱心接力棒”少先队主题大队活动，更是意义深远，影响力大，起到了很好的教育效果。

丰富多彩的少先队活动，开阔了队员们的视野，活跃了课余活动，调动了队员们的主动性、积极性和创造性，提高了少先队组织的质量，得到了上级领导和群众的好评。辛勤的耕耘终于获得了丰硕的成绩，我先后获得“福田区优秀少先队大队辅导员”、“深圳市优秀少先队大队辅导员”、“广东省优秀少先队大队辅导员”等光荣称号。组织开展的“学习雷锋、学习丛飞”活动获得了全国少先队“魅力杯”。

（五）乐于学习，勤于思考，做队员的良师益友

工作闲暇之时，我便会借阅各种有关教育的书籍，充实自己。我也时常与家长联系，与同事讨论，聆听各种各样的教育方法以取长补短。经常设计新颖的活动，为孩子积累宝贵的精神资源。活动是培养队员各项素质、增强中队凝聚力的最有效载体，是培养优秀种

子的最好土壤。因此，只有队员成为集体活动的主体，他们身心发展的巨大潜能才得以发展。为了使中队活动不断创新，我经常从报刊、电视少儿节目以及社会生活中寻找信息，搜寻有益的活动线索，丰富队员们的课余生活，增长他们多方面的知识和实践能力。

我以中队为基点，组织开展了系列主题中队会活动。开展丰富多彩的活动能增强少先队的生命力和凝聚力。我校又很重视少先队育人功能的发挥，以“成长在中队”为基点，以“加强和改进少年儿童思想道德建设”为核心，积极开展主题活动，让少先队员自我服务、自我管理、自我教育，去体验道德、体验教育。

作为学生思想上的引导者和生活中的朋友，我除了经常找学生谈心，了解他们的学习和生活并及时给予他们各方面的帮助外，我还与一些学生家长建立了电话联系，对学生的基本情况及在校情况进行交流，增进对学生的了解，以便更好地开展工作。

（六）用心育桃李，乐为教书人

我爱教育事业，爱少年儿童，更爱少先队工作。既然选择做教师，选择了做一名普通的辅导员，那就应该自觉奉献。我做到“以身示范，潜移默化”。古代大教育家孔子曾说过，“其身正，不令而行；其身不正，虽令不从。”我也始终认为“身教胜于言教”。因此，平日与学生相处，我时时处处注意规范自己的言行，以身示范，达到了显著的教育效果。我以这种积极的工作态度和无私奉献的精神，赢得了组织的信任、同志们的尊重和全体队员的爱戴。

人生的乐趣在于创造，生命的价值在于奉献，青春的美丽在于未来。以师为本，着眼长远。我立足于做好一个普通而不平凡的教师，刻苦锻炼、精心钻研，从实践到理论再到实践，悉心揣摩、探索创新。以苦为舟，苦练苦学，让教学更生动；以爱为桥，爱生爱校，教给学生我的所有，在平凡的岗位上求真务实；热爱本职，扎实工作，追求崇高的职业理想，努力成为教育工作的行家里手；任劳任怨，甘于奉献，将满腔热忱投入到少先队事业。

辅导员的工作，是具体的、繁杂的，有苦有累，有甜有乐。在工作中，我将吸取经验教训，努力工作，为祖国培养出更多合格的少先队员。作为一个从事阳光下最美丽事业的辅导员，我将襟怀一颗赤子童心，孜孜不倦地努力去托举群星，去点燃火炬，为红领巾事业献上我的忠诚！

（深圳市全海小学　李莉）

18.流动的风景

本学期来的插班生陈子明的一篇日记引起了我的注意，现将日记摘抄如下：

前几天，爸爸去派出所将我的名字改为——陈东立，对于这个新名字，我很陌生。老师仿佛是为了记住我这个新名字，上课的时候几次叫到“陈东立”发言，我都是傻愣愣地坐在那儿，等同学们哄堂大笑后，我才猛然醒悟，羞答答地站起来，至于老师问了什么，我是一个字都想不起来。

这个时候，我多希望有一个同桌啊！他会在一旁提醒我，或者是课后好心地安慰我几句。我真烦爸爸妈妈把我生得这么高，班上的人数成单数时，老师理所当然地将最高个子的我，放在最后，成了孤家寡人。

这个时候，我多希望还没有搬家呀！那我还会在以前的学校读书，不用面对现在的新环境。

这几天，我也不知道是怎么回事，好像突然变得有些多愁善感了……

本学期，我班来了10个插班生，队伍一下子由上学期的37人，壮大成47人。在没有看到陈东立的这篇日记以前，我还在为自己这个老班主任的安排洋洋得意。凭着多年的班主任工作经验和对这些插班生的性格判断，我将其中的9人安排和老生坐在一起，使他们能尽快融入班集体。由于班级人数成单数，我在无计可施的情况下，将新来的高个子陈东立安排在最后。

原来，小小的位子安排，能对一个学生产生这么大的影响！这可是我想也没有想过的问题，我不禁为自己工作的不细致而羞愧。还好，亡羊补牢，为时不晚，这个学期才刚刚开始三周。可是如何能不露痕迹地为陈东立调一个位子，又不影响其他同学呢？这单独的一个座位到底给谁坐好呢？

晚上，当我看到一个综艺节目时，突然受到启发，对呀，何不将这最后一个座位变成一道流动的风景？真是踏破铁鞋无觅处，得来全不费功夫。说干就干！在兴奋之余，我积极地准备起来。

第二天，我郑重地向全班宣布，接下来班级管理将实行流动班长制。每人担任两天班长，担任班长期间，坐在“班长位”（最后一个位子），旁边的空位是班长的办公桌，里面放有班级日志和班级点名簿，由班长填写。班上学生立刻激动起来，这时，我又故意抛出一个问题：“你们说说看，这第一任班长由谁担任最合适呢？”

仿佛是经过商量一样，同学们都不由转过头，不约而同地喊着“陈东立”的名字，我笑了笑说："好，众望所归，陈东立请你接过班长袖章。"

当陈东立满脸通红地戴上班长袖章后，班上响起了整齐的掌声。我又接着补充了担任班长后的主要工作以及流动班长的产生方法。同学们都屏息聆听，那一节课成了最愉快的一节班会课。

两天的班长工作，陈东立完成得非常出色。他向我做任期汇报时，我给予了他充分的肯定。我发现他讲得很有条理，语句很流畅，和初来时的他判若两人。当他离开"班长位"，将班级日志和班级点名簿交给下一任班长时，我发现他对"班长位"还有一些恋恋不舍，我欣慰地笑了。

没过多久，陈东立就成为我们班足球队的一名主力，看见原来郁郁寡欢的他如今活泼可爱的模样，我愈发感到教师职业的神圣和巨大的职责。

如今，这"班长位"已成为我们班上的一道流动的风景，同学们都以坐上了这个位子而自豪。它也在时时刻刻地提醒我：关注每一个孩子，发掘每一个孩子，平等对待每一个孩子。在教育教学中，仅有爱心和激情是不够的，还要加上智慧。

（深圳市福强小学　黄婷）

19.美丽的误会

这是一个关于教师念错名字、发错奖励，从而引发“美丽的误会”的故事。

每到期末我都会为孩子们准备些礼物，作为这学期他们表现的回报。

在发奖励的时候，我叫错了名字。想着把奖励发给“冯湛瑜”，结果念错了名字，将错就错，发给了“冯湛荣”。

也许因为小礼物，“冯湛荣”上课表现有了明显的好转。一个偶然机会，他妈妈告诉我，他的孩子对自己要求严格了。而且这个奖励一直放在他的床头，谁也不准碰，因为他知道是“特殊的礼物”。

孩子很聪明，他知道我是念错了名字，发错了奖励，但他很珍惜这个“美丽的误会”，也把这个奖励当成了“特殊的礼物”。

这个“美丽的误会”让我的心情久久不能平静。其实，在平时的教学生活中，老师一个肯定的目光，一句激励的话语，一次赞美的微笑，都会为孩子的生命注入无穷的动力，甚至为他的一生奠基。每一个孩子身上都可以发现值得赞赏的地方，“一斤”赞赏的效果远超过“一吨重”的责备。

一次平平常常的奖赏，在不经意间造就了一次“美丽的误会”，改变了孩子的学习态度，这份“特殊的礼物”在孩子的美好心灵里是一份至高的荣誉，这份荣誉也将一直激励着他，成为他前进的动力。

（深圳市全海小学　李迎莹）

20.迷路的小熊

第二十一个教师节就快到了，我给学生布置了一篇作文——给你最敬爱的老师写一封信，就这样我读到了涵涵给我的一封信。在信里他说道：“老师，如果没有您的理解和宽容，我也许会在一片‘小偷’的叫喊声中度过我的小学生涯，也许会变成一个很坏的孩子……”

于是五年前的一幕再次浮现在我的眼前：记得那一次在上“动物园”这一课，我从家里拿了许多动物玩具到课堂里，分给孩子让他们进行交流活动。当快下课的时候，我把玩具收了上来，但发现少了一只小熊。于是我问道：“还有一只小熊呢？”小琛马上说道：“它被涵涵拿走了！”顿时所有的目光都集中到涵涵的脸上。只见涵涵的脸涨得通红，紧张地说道：“我没有！”“我好像看见小熊在涵涵的书包里，我去拿！”小琛抢着说。很快他从涵涵的书包拿出小熊并十分骄傲地说：“看！”这时全班沸腾了：“小偷！小偷！让警察叔叔来抓你！”涵涵脸变得更红了，头埋得深深的。我一看这情景心里想：“绝不可以让事情如此发展下去，怎么办呢？”忽然我灵机一动说到：“大家安静！小熊是老师的好朋友，我想问小熊是怎么回事，好吗？”“好！”孩子们异口同声地回答。我从小琛手里接过小熊，放在耳边问道：“小熊，你怎么会跑到涵涵的书包里去了呀？哦，原来是这样啊，好吧，让我来告诉大家吧。同学们，事情是这样的：小熊看见涵涵的书包是红色的，很漂亮，所以想进去看看，没想到里面黑黑的，什么也看不见就迷路了！”

“哦，原来是这样啊。”一场风波终于平息了。

课后我把涵涵叫到办公室问道：“涵涵，你喜欢这个小熊吗？”

涵涵点了点头后，又慌张地摇了摇头：“不，不喜欢。”我摸了摸他的头说：“拿着，送给你。”涵涵接过小熊哭起来：“对不起，老师我不该自己拿的。”“老师不怪你，漂亮的东西谁都喜欢呀。只是别人的东西一定要得到它的主人同意才可以拿走，这一点很重要！”“我记住了。”涵涵使劲地点了点头说。

五年过去了，烦琐的工作几乎使我忘了这件事，没想到它却深深地烙在涵涵的心里。现在想想我都后怕，从来没有感觉到肩上的责任是如此的沉重：如果当时简单粗暴地处理这件事，或许就毁了涵涵的一生。确实，有时候老师的一句话也许就是孩子的一生。教育需要艺术，需要宽容，需要理解，更需要爱。其实教育也像放风筝一样，要时紧时松拉拉绳子，让孩子既能自由地飞翔，又不至于迷失方向。

（深圳市全海小学　李婷茵）

21.脑海中的口香糖

深圳刚入秋，其实是透着一点凉意的，但办公室内仍然开着冷气，好像生怕夏天就这么悄悄地走了，固执地，想要抓住一点它的尾巴。我是个极怕冷也极怕热的人，看见操场草坪上映着树的倒影，忍不住走了出去。果然是初秋的太阳呢，不似夏日般灼眼，只给人一种暖暖的触感，恰到好处的温度，照着校园的每一个角落。年轻，就好像有用不完的力气，一年级的小朋友们就像一台台的永动机一样，不知疲倦地到处奔跑，整个校园都是他们欢乐的笑声。

这只能用“岁月静好”来形容的场景，大概没有不愉快的事情会发生吧。但是你看那个角落里的小朋友，他一只手抱着膝盖一只手不安分地在地上划来划去，和操场那群雀跃的小伙计们显得有些格格不入，此刻人们常说的“热闹是他们的，我什么也没有”似乎也可以用到这个天真无邪的小朋友身上了。我对他充满了好奇，于是走近一看，这不是我们班不太爱说话的那个小不点吗？我过去蹲下问他：“你怎么不和其他的小朋友玩儿呀？”他小声地答道：“我还没有认识新朋友，我喜欢在地上扫。”他的回答让我觉得心疼，也感到自责，一个6岁、喜欢和朋友玩闹的年纪竟然说自己没有朋友，而且还是在我每天鼓励孩子课间交朋友的方案之后说自己没朋友。同时，他的回答也让我很疑惑，为什么不是在地上比比划划而是“扫”？

一番鼓励后，便开始了关于“扫”的话题，他这样说道：“老师，我总觉得我的脑袋有什么东西在里面。”没等我来得及问是什么东西，他便自己说：“我也不知道是什么东西，就是拿扫把也扫不走的。”一直觉得一年级的小朋友，应该是个什么都不懂的小孩子，怎么会说出如此形象的话语呢？疑惑的我“啊”了一声。说实话，他的回答远远超出了我对一年级孩子已有的认识，这让我很吃惊，迫切地想要去了解他的内心那个小宇宙里究竟有什么有趣的东西。他接着说：“老师，就像口香糖似的，用扫把怎么扫也扫不走。”听完孩子的话，我仍旧不知道这是一个有着怎样小世界的孩子，但我知道，他对自己脑海中的口香糖异常感兴趣，于是便顺着孩子的话接下去：“那你的口香糖是什么口味的呀？”他突然特别开心地说：“什么口味的都有，老师你喜欢哪种口味，我最喜欢西瓜味儿的。”我也笑嘻嘻地回答：“老师也最喜欢西瓜味的，那这样好不好，西瓜味代表你课间休息的时候要去交朋友，代表上课的时候要听老师讲课还有积极举手发言。”他特别自信地点了点头。

“叮铃铃……”谈话结束了，语文课到来了，课前准备的时候，我悄悄走到他的身边：“要准备好西瓜味口香糖噢！”一节课下来，令我惊奇的是总沉浸在自己的世界里还没有学会如何听讲的他，不怎么与其他人沟通的他，这节课竟然无比积极，那双渴望的眼神，那只不断举起又放下的小手，再一次震惊了我，让我感动。

后来的语文课堂上，他总能兴致勃勃地望着我，还会悄悄和我约定下一周是什么味道的口香糖。后来的课间，能看到他主动走向其他小朋友的游戏圈。直到现在，我们还是会时不时地约定口香糖的味道，只不过这样的周期变得更长，这样的约定变得更少，但是他的进步却变得更大。

我想，我应该庆幸当时能够顺着孩子脑海中的口香糖聊下去，应该庆幸校园又增添了一丝欢乐的笑声。

生活中，每个人都急于通过表达自己想法的方式来增进与他人的感情，殊不知，其实倾听更能拉近两者之间的距离。小孩子也是这般，每个孩子都有自己的小世界，作为教师的我们，可以少一点命令，少一点“硬性标准”，蹲下来，顺着他们脑海中的小头绪去聊天，看看他们的“胡思乱想”是否是更大的智慧。

（深圳市福强小学　杨佳）

22.内存条风波

这是上学期的一天，我还是像往常一样 7：20 到了班级。一到班上便有几个平日里最调皮的小男孩儿围到我身边嚷嚷："老师，老师，电脑坏了！打不开了！""老师，是内存条被人偷了！"估计是一大早起来就碰到这事儿，让我很是不耐烦。我便把电教委员叫到身边，比较严肃地向她询问具体情况。可是刚到学校的她也和我一样处于茫然状态。接着，班上一个非常精通电脑的学生略带点小得意地走到我跟前，很确定地告诉我是有人把主机里的内存条给拆走了。

当时的我满脑子都是气愤和抱怨。孩子们平时调皮一点、活泼一点、我都可以忍受，可我万万没有想到在我的班里居然会出这样的事情，不仅是破坏班级公物，甚至可以算得上偷窃。被愤怒包围了的我立马让在场的所有同学都回到座位上，一脸严肃地开始在班里"训话"。起初语气还比较温和，想劝大家把自己所知道的说出来，更希望所谓的"凶手"可以自己主动站出来承认错误。然而看着底下丝毫没有反应的他们，我的语气开始越来越强硬，声调也开始越拉越高。我错误地以为我的厉声呵斥能够给他们带来一些震慑作用，可是事情似乎一点转机都没有。这时，有两个学生提出让我去保卫处查看昨天下午放学后的录像。我想这是一个好主意，便带着这两个学生去了一趟门卫室。这一趟，虽然没有帮我们真正找出"凶手"，但是至少让我清楚了哪几个学生在时间上是有条件的。而凭借着一年来对班上学生的了解以及大家的反应，我的心中也有了自己的估计。

然而或许正是这一趟奔忙，让我原本充满愤怒的头脑慢慢地冷静了下来。我开始尝试着站在孩子们的角度去想问题。我想到自己刚才在班级里那严肃的表情、严厉的语气以及一副不抓出凶手不罢休的气势，作为还只有十二三岁的孩子们来说，那的确是有些太过恐怖了。试想万一这个孩子原本只是想要和大家开个玩笑来个恶作剧呢？我这么一训，不是硬把孩子往外推吗？于是转念一想，既然硬着陆是肯定不行的，那么就换个方法，来个软着陆试试。

回到班上，我首先让自己以一种比较平静的姿态来面对全体学生，并且表示是自己刚才太过冲动，在事情没明朗之前就用比较坏的性质来定夺，为此向学生们表示歉意。接着，我便开始为那个学生找台阶，我做主以老师的判断来告诉大家那个学生一定是想跟大家玩恶作剧，没想到会把事情闹大。我还带头在班上承诺不管这个人是谁，只要他敢于站出来承认错误，一定不怪他，不惩罚他，相反我要表扬他的勇气和胆量。这时，可喜的是，全班同学都与我达成了这样的共识。大家表示只要能够把内存条找回来，大家都不会怪他，更不会看不起他。

我看班上的气氛已经比最初有所缓和，便决定给大家一点时间各自考虑，我却选择这个时候抽离自己。但是在抽离之前，我找到了两个学生，一个是那个对电脑非常精通的同学，一个就是我心中有所怀疑的对象。我偷偷把他们叫出班级，以一个有点无助的大姐姐的身份请求他们帮忙。请他们动用他们在班级里的人际关系来帮我找出内存条，并且告诉他们可以为了保护那个孩子而不把他本人抓出来，只要由他们俩把内存条装上去我就不再过问了。这两个学生也都默默地答应了下来，尤其是那个我心中有所怀疑的孩子，我似乎看到了他眼神中的恐惧在减少，相反他好像是抓到了一根救命稻草一般，想要以此来挽救自己的这次错误。

接下来的时间过得很慢，我的内心一直在煎熬，我很怕即使这样做内存条还是找不回来。一个上午就这样过去了……

中午休息完回到办公室，走到办公桌前，在我正准备坐下的时候眼角瞥到后面关紧的门后处有一个绿色的长条状物体——内存条！我连忙跨过去弯腰捡起，确认之后我甚至在办公室笑着跳了起来。来不及有更多的反应我马上跑出办公室准备拿到班上，还没上楼就遇到班里几个小调皮。他们一看到我手上的内存条也是兴奋得不得了，从我手上拿了东西就开始往楼上跑。等我走到班上时，看到讲台周围已经里三层外三层围了好些学生，当电脑最后启动成功时，所有人都仿佛松了一口大气，互相说笑着走回自己的座位。

这个时候的我已经有点哽咽，不知道该说什么好。我看到了坐在角落里的他，平日里他是最喜欢凑热闹的，今天他却坐在位置上一动不动。我没有多说话，我只是履行了早上对所有同学许下的承诺，带头给那个主动交回内存条的孩子鼓掌，表扬他的勇气。虽然同学们都不知道究竟是谁把内存条放回我那的，却也开始跟着我鼓起掌来。就这样，内存条风波就这样告一段落。

之后，我还是找到那两个我请求帮忙的孩子。虽然我们心里都很清楚，但是我还是把这一次内存条找回和安装的功劳都放在了他们身上，也代表其他同学对他们表示了谢意。

我想，在这件事情中，后来的我及时抽离并且在有了怀疑对象后并不是急功近利想要一查到底，而是给还尚未完全懂事的孩子一点自我思考的时间，给他们一个承认错误又不丢失颜面的机会。这样的处理，我这个班主任看起来好像有些软弱无能，可是我相信这对于那个孩子来说，却是给了他一次真正的改正错误的机会。这一点，应该比所谓的找出“凶手”更加重要吧。

（深圳市田东中学　贺璐）

23.你要成为孩子未来心中的哪种“重要他人”

在毕淑敏的《心灵游戏》中有那么一个心理学名词，叫做“重要他人”。而所谓的重要他人，指的就是在一个人心理和人格的形成过程中，起过巨大的影响，甚至是决定性作用的人物。这个人可能是当事人的父母、兄弟姐妹，也可能是某一位老师，抑或是曾经与当事人萍水相逢的人。

看到这样的解释，我不禁想起自己的身份——教师。每个人都说，教师是神圣的，因为教师的工作是雕塑人。我们手上拿着“刻刀”，面对一个个如白纸般纯洁的心灵，我们小心翼翼地一笔一笔刻下去。但若是在某个时候你不专心，马虎了，那么你面对的后果将会是一颗被扭曲了的心灵。

也许这听起来有点骇人听闻，但通过一些真实的例子你就会真切地意识到“重要他人”的影响力。

依稀记得曾经在某报刊上看到过这样一件事：一个年老的教授在与已毕业的学生聚会时被一名闯进来的杀人犯杀死，而这名杀人犯刚好是他教过的一名学生。中国人最讲究“尊师重道”，为何这一学生偏偏杀死了自己昔日的导师呢？原因只在于当时这位教授曾挖苦过这名学生以后会成为杀人犯，从而酿成了今日的苦果。

也有一位老师跟我说过她曾经遇到的一件事：有一次，她坐出租车去听课，在得知他的乘客是位老师后，司机毫不客气地说了句，我这辈子就讨厌老师了！该老师大为惊讶，问为什么？他说，在他小学的时候，老师经常批评他以后肯定没出息，你看，现在就只能是个开出租车的……

当然，“重要他人”并不仅仅是指对你产生过负面作用的人，他（她）也会如此影响你的生活和命运。

一个初二男孩，天资聪颖，却无心向学，整天跟一些不爱学习的孩子混在一起，逃课、打架、偷窃……学校记过、老师劝导、家长责骂、同学摒弃，他都似乎可以视而不见。直到上了初三的一天，新来的班主任把他叫进了办公室，跟他说了很多的话，而其中的一句话却让他重拾书本，数年后仍不绝于耳——有些人让事情发生，有些人看着事情的发生，有些人连发生了什么都不知道。于是，他开始挣扎奋起，他顽强地要做那个“让事情发生的人”。直到数年以后，他在奥普拉·温弗瑞传里重新看到这句话，才醒悟这句话并非当年那位老师的“原创”。但这有什么关系呢？对于他而言，老师以及老师说的这句话对他的意义不亚于奥普拉·温弗瑞父亲当年对她的鞭策。

这也是“重要他人”对一个人的人生、命运的改变，但它却让一个本来已经被所有人斥为无可救药的人摇身一变，变成今天让许多人认可的栋梁之才。

从以上的几个事例中，也许可以为我们这些在教育第一线工作的教师们敲个警钟。我们面对的是一个个活生生的个体，是稚嫩的心灵。他们满怀着对长大的渴望和对未来的梦想进入校园，他们希望从这里学习到丰富的知识，更希望得到他们所敬仰的老师们的爱、耐心和宽容。在这些春风化雨般的滋润下，他们的笑容是灿烂的，成长是快乐的，心灵是完整的。但如果因他们的失误，因他们正确需求的错误表达而被给予了不恰当的指责或惩罚，他们的心灵的某个角落从此便被抹上了一层阴影。这个阴影会伴随着他们的成长，甚至成为了他们性格中的一部分。那么，我们埋没的就是一个孩子的未来和幸福。也许有人说，这对教师是不公平的，因为教师可能是因为无心之失，并非有意为之，老师不是神人，也有犯错误的时候。的确，老师不是神人，也有犯错误的时候。但不管如何，做事之前慎思慎行，以学生的心理健康为出发点，却是永恒不变的真理。既然身为教师，就要为孩子们的心理健康负起应有的责任，耐心教导，纠正错误，给予爱和宽容。也许，若干年后，想起当年老师春风化雨般的爱，他的心里仍有丝丝的温暖。

（深圳市全海小学　贺淑敏）

24.平凡中的感动

本学年我新接手了一年级，这些刚走进小学校园的淘气可爱的孩子，虽然每天让我身心疲惫，但更让我斗志昂扬，他们使我平凡的教育工作充满了乐趣和感动。很喜欢德国教育家第斯多惠在《教师规则》中所说的："我们教学的艺术，不在于传授本领，而是在于激励、唤醒、鼓舞。没有兴奋的情绪，怎么激励人，没有主动性怎么能唤醒沉睡的人。"事实正是这样，用心爱孩子，给他一个微笑，他会给你一个春天。下面是发生在我班的两个真实的小故事。

刚开学，我就发现小淳是一个调皮又有个性的女孩子，她上课学习不用心，爱讲话，做小动作；课下经常和同学发生矛盾，有时还打人、咬人。每次和同学发生矛盾她都指责对方，好像自己没一点儿错。我对她格外关注，几次教育效果不明显就请她妈妈来学校了解情况。她妈妈说，这孩子是被宠坏了，以前幼儿园老师很宠她，爸爸、外婆也宠她，现在刚有了小弟弟，她一点儿也不让着弟弟，经常抱怨父母不陪她。我明白一些了，继续问："生弟弟之前，你和她聊过吗？"她妈妈说，我只告诉她妈妈肚子里有宝宝了。"她怎么说？"她说："不要，最多只能要个妹妹。"我说："你们要理解孩子的感受，本来她在家里是专宠，现在有一个人分走了她一半的宠爱；她想要妹妹，生出来的却是弟弟，孩子有情绪是正常的，要慢慢疏导，而且，孩子刚上一年级各方面都还不适应，家长要多关心她。"她妈妈表示同意。

下午，我把小淳找来谈话，"小淳，你有一个弟弟啊，多幸福！""我早就有弟弟了，四川老家好多个弟弟呢！""他们是你妈妈生的吗？""不是，他们是我舅舅家、姑姑家的孩子。""那么老师告诉你，从血缘上讲，可能那些弟弟加起来也比不上妈妈给你生的弟弟亲。除了爸爸妈妈，小弟弟是你在这个世界上最亲的人，有一天你长大了，会感谢爸爸妈妈送你一个亲弟弟的。"小淳若有所思："噢！那他总是哭闹，好烦！""那是因为他想和你玩，回家后你哄哄他试试。"

晚上，我微信问小淳妈妈孩子的表现，她开心地说："小淳回家后先去看弟弟，和弟弟聊天，这可是从来没有的，吃完晚饭后抱弟弟，弟弟竟在她怀里睡着了。"听到这些我太开心了，我告诉她要大力表扬小淳，爱要分享，建议她把微信头像换成两个孩子的合影，不能只用儿子的头像，她妈妈连声说"好"。

小淳妈妈做得不错，她以后的微信朋友圈经常晒姐弟一起玩耍的温馨场面，小淳的转变也很大，不仅爱弟弟了，人也变得开朗温和了，和同学相处和谐多了。希望有二胎的父母不要忽略或减少对第一个孩子的爱，孩子的心理敏感、脆弱，要用心呵护！

一年一度的“六一儿童节”是孩子们最开心的一天。每年“六一”班级都会举行“文艺汇演”来庆祝，今年也是，小演员的精彩演出赢得了阵阵掌声。到婷婷上场了，只她一身绿衣缓缓飘来，上身是一件绿色的吊带背心，下身是一条裙摆很大褶皱很多的绿裙子，看上去像一只绿孔雀，美丽极了。音乐响起，她翩翩起舞，突然，她的裙子滑落在地，露出了里面的小底裤，大多数同学愣住了，有几个调皮的孩子笑起来，婷婷害羞地蹲下去，用手捂住脸，哭了。我在讲台上迅速飞奔过去，帮她提起裙子，原来是裙子有点大，拉链又松。我帮她穿好后，告诉她：“你今天真漂亮，舞跳得真好，继续好吗？”她眼泪汪汪地点点头，接着跳下去，同学们给了她热烈的掌声。晚上十点左右，我的手机响了，婷婷打来的，她说：“李老师，谢谢你今天说我漂亮。”电话两头是两颗温暖的心。

从教十余载，作为一名小学语文老师及班主任，我坚信爱是最好的教育并在教育教学实践中践行。有人说，老师不经意的一句话，可能会创造一个奇迹。的确，我们给孩子们一个信任的眼神，一个会心的微笑，一句爱的鼓励，孩子们会给我们很多感动。

（福田区全海小学　李艳玲）

25.倾听孩子的声音

最近网络流行一篇文章《从此刻起：我要》，我对文章中的一段文字——“从此刻起，我要多聆听孩子的心声，而不是急于评断孩子”深有体会。我身为一位一线的教师，身为一位每学期都要跨好几个班级的教师，身为每个学期都要面对一两百个学生的教师，我深知对学生的了解的重要性。由于学科的特点，我每班每个星期都只有两节课，由于课多，班多，学生多，时间、精力有限，所以有时对学生的情况会掌握不够清楚。所以在面对特别班级的时候会感觉比较力不从心。

我上个学期所教的一个班级，被个别家长戏称为“打架班”，学生喜欢动不动就打架，当然也很浮躁。刚接这个班的时候，我真觉得这是我从教以来最难上课的一个班，这个班级的学生非常的自我，根本不理会同学、老师的感受，根本没有想学习的样子，你甚至会感觉学生是以同老师作对为荣。第一节课就在这样的氛围中漫长地过去了。下课后我就去找班主任了解这个班的基本情况，发现说这个班有个女孩，在一二年级的时候不仅非常乖巧，学习成绩也非常好，现在却突然变了，变得很叛逆，不爱学习了。从班主任处，我了解到这个女孩最近家里发生了些变化，妈妈生了二胎，在家里多了弟弟。我作为一个二胎妈妈我立马意识到了其中的问题，于是我准备从她入手，希望能以点带面，慢慢地把班级氛围扭转过来。于是我利用课余时间分别找他们聊天，聆听她们的心声，一开始她们还不以为然。当我说到她的爸爸妈妈虽然多了个儿子，但他们永远都爱她，就像我多了个女儿，但我也永远都爱我的儿子一样的时候，那女孩突然就哭了，接下来便打开了话匣跟我聊天。从此，不管是在校园里或路上遇到我她总喜欢喊一声：“老师好！”，然后漏出一脸天真灿烂的笑。当然上课也判若两人，正真起到了学习的榜样作用。从这里我深切地感到一定要聆听孩子的心声，每个孩子不同的表现都是有她的根由的，在不了解的时候一定不能急于去评断孩子，否则不仅不能解决问题，还容易伤害到孩子脆弱的心灵。

如果说管理孩子有什么捷径，那就是用心去倾听孩子心灵的声音，想孩子之所想，急孩子之所急。用孩子的眼睛去观察，用孩子的耳朵去倾听，用孩子的兴趣去探寻，用孩子的情感去热爱。

（深圳市全海小学　谭淑梅）

26.情境·角色·体验

“老师，高梁又没有交作业。”

我刚一走进教室，就听见课代表余静大声地说着，教室一下子安静下来，我感觉到无数双眼睛在看着我，我在心里对自己说：“风度，风度，别发火……”可心中的气愤真的直冲脑际。周一因为各科作业情况扣了 14 分，那天我已经狠狠整顿了学风，学生也誓言旦旦本周决不再有此现象，我还清楚地记得高梁“铮铮”誓言，可今天他又……今天刚周三，他挑战我的底线了，“风度，风度……”终于，我以多年修炼的“内功”压住了火，竟然还挤出了一丝微笑，等待高梁的解释。

“老师，我写了，真的。”

“真的？”

“真的。”

负责任的余静立刻插嘴说：“我才不信呢！骗人，一定是没写！”

“我真的写了。”

“你每次都说写了，可一让你回家取，你就拿不回来作业。”余静毫不客气地说。

“这次，我真的写了。”

“谁信你？”几个在旁边看热闹的同学笑着说。

高梁不作声了，很委屈的样子。

“老师，报不报上去呢？”学委邹芷欣看着我，认真地问。

“报—上—去。”我一字一顿地说。

“老师，我真的写了。”高梁带着哭腔说着。

也许这次他是真的，可是我已被他的真真假假搞得筋疲力尽了，每次为了验证他说的话，我总是一次一次地和他妈妈通电话求证，而换来的是一次又一次被欺骗后的疲惫，今天我不再相信他了，同学们也不再相信他了。

整个上午上课时高梁都打不起精神，下课后也一个人闷闷地坐在椅子上，可能这次是真的，这个孩子长着一张纯朴善良的脸，但貌似忠厚的他，太喜欢撒谎了，以至于没有了周围人的信任。这样下去，他将失去他最宝贵的“诚信”。一定要想个办法，给班级扣分是小事，帮助他认识错误改正错误是大事呀！

中午的午会课是故事会，同学坐得格外端正，等待精彩的精神大餐。我环视了一下教室，又看到高梁那张脸，于是，心生一计，说：“今天，我要给大家讲一个古老的故事，需要一个同学和我合作完成。有请高梁上场。”高梁就在我的邀请下，带着他那一脸无辜的样子走上来了。

“今天，我要讲的是《狼来了的故事》。请高梁来演一演那个热心的但是被骗的农夫。”话音刚落，同学就笑起来了。高梁的脸一下子红了。

“从前，有个放羊娃，一个人放羊时，感觉没意思，于是就乱喊起来：‘狼来了，狼来了。’山下的农夫听见了，会怎么样说呢？请农夫接着说。”

高梁努努嘴巴，接了下去：“孩子遇到危险了，我得去看一看。”

“结果，好心的农夫来到山上，发现被骗了，又会说些什么呢？请农夫再接下去说。”

高梁憋憋嘴巴，接了下去：“根本没有狼，我被骗了。”虽然话不多，高梁的表演配着那张挺无奈的表情，把大家都逗笑了。

“第二天，放羊的孩子又故伎重演，大声喊：‘狼来了……’山下的农夫听见了，这回会怎么说呢？”

“可能这回是真的，我还得去看看。”

“唉，农夫又被骗了，这回他又会说些什么呢？”

“这个孩子太调皮了，我庄稼都不种了来帮他，又害我白跑一趟，太过分了。”高梁入戏了，两只手忍不住一摊，真像一个受骗的农夫。

“第三天，狼真的来了，孩子大声地喊：‘救命呀，狼来了，狼来了！’这回，农夫还能理会他吗？”

“前两次，我被骗了，这次一定也是骗我的，我才不去呢！”

“可怜啊，可怜，可怜的小孩就这样被狼吃了，农夫，你也太狠心了吧？”我故意反问道。

“是他自己害了自己。”高梁已经完全进入到了故事中，脱口而出，一句话直中要害。

“是呀，这个小孩太傻，高梁你是聪明的，可不可以告诉我，为什么早上那么多同学也都不相信你说的话呢？”

“因为……我以前说谎，骗了大家好多次，所以同学不相信我。”

“你这不也是自己害自己吗？”

高梁低下了头，完全没有了早上的委屈，取而代之的是深深的自责，我相信他这个表情是真的。

其实，这是个老掉牙的故事，三岁的孩子都听得懂，但孩子们在生活中有时就会不自觉地“明知山有虎，偏向虎山行”。孩子就是孩子，虽说是三年级的学生，仍需老师不断地去提醒。我相信在刚才的情境自我教育中，高梁会体验到“诚信”是宝贵的东西。

（深圳市全海小学　杨丽）

27.让学生体验成功

在班主任我的印象中，冯晓成是一个浮躁、倔强、爱出风头、虚荣心又极重的学生，他的“官”瘾很大，除了班长不敢当以外，什么干部都想当，每次评选班干部（我一贯让学生自我推荐，轮流值日）时，他都把小手举得高高。我刚接班时，见他积极性挺高的，就尝试让他做劳动委员，负责管理班级的卫生，监督同学做好卫生值日工作。不久，我就发现他上课不专心听讲，爱说小话，作业书写潦草、马虎，而且特别爱打小报告，今天说某某同学不认真做值日，明天说某某同学不听他的话，不服他管。经过调查，我发现事实并非如此，往往是他自己以干部自居，差遣这个同学做这事，差遣那个同学做那事，一会儿东，一会儿西，而他自己什么活儿也不干，许多学生都对他有意见。为此，我专门找他谈话，先表扬了他工作积极、乐意为班级服务的精神，再把他存在的问题和同学的不满委婉地告诉他，并提出了我的希望，希望他能以身作则，做好榜样作用，开始他还能高兴地答应，如此几次反复，他还是老样子。同时我还发现，如果老师没有顺从他，他就撅起小嘴巴，满脸不高兴，甚至对老师也不满意，背后还在嘀咕老师。我对他失去了信心，就找他谈话，表达了我的看法，打算换其他责任心强的同学担任卫生委员，他无话可说。但从此以后，他一直对我有抵触情绪，对我满不在乎。

他还是老样子。一学期就这样过去了。

第二学期开学了。在竞选班干部的时候，没想到冯晓成又到我这儿来了，他对我说：“老师，能不能让我带教室钥匙？”对他的责任心我是非常清楚的——“官”瘾重却不负责。老实说，他还没有做过一件像样的事（这是所有我们班级任课老师的共同看法），我是不会再让他做任何事的。但是看到他再三相求，我就说：“你如果能把作业写工整了，我就让你带钥匙。”他高兴地离去，我心想：他肯定做不到，我也不必为这操心。第二天我打开他的作业本一看，发现他的书写果真比以前好了，但也只好那么一点点，看起来干净整洁一点而已。我心中窃喜，看来钥匙他是带不成的，但表面上我还是鼓励他说：“好，比以前有进步，希望你把字再写工整一些。”之后他又问了几次带钥匙的事，我差不多都是用这些借口拒绝了他。

一晃过去了两个月，我本以为日子就这样日复一日地过去，没想到发生的一件小事，让我改变了对冯晓成的看法。那是一个下雨天，放学后同学大部分都走了，这时我看见冯晓成正与曾志成（一个父母不在身边，放在托管所的可怜孩子，只有周末才与父母团聚）在抢一把雨伞，我走过去问：“到底是谁的雨伞？”冯晓成理直气壮地说：“这是我爸爸单位发的，只有他们单位才有的，我爸爸说不能丢的，还要还回去的。”我看了看雨伞，原来是平安保险公司发的，雨伞上印有大大的“平安保险公司”几个大字，我奇怪地问冯晓成：“你爸爸不是在国土局上班吗？怎么会有平安保险公司的雨伞？既然雨伞是发的，为什么还要还呢？”我面露疑色。曾志成委屈地说：“这是我的雨伞。是我午托班老师接我的时候给我的。”我更相信曾志成的话。怎么办？同学们都已经走了，我不能判定是谁的雨伞，只好说：“现在雨已经停了，这把伞放在这里，等明天我调查后就物归原主。”但我分明看见冯晓成眼里的愤怒和泪水，他恶狠狠地瞪着我，我不理他。

第二天通过调查，我知道我错怪了冯晓成，我把雨伞还给他，并叫他要好好保管好自己的东西，他拿了雨伞高兴而去。为了弥补我的过错，我决定让冯晓成带一周教室钥匙。当我把决定告诉他并把钥匙交给他时，他高兴地蹦起来。但事情正如我所料的一样，他带钥匙不到两天，就有同学来投诉他，说他带钥匙不准时返校开门，离开教室上课他不锁门。我把大家的意见告诉他，并征求他的意见，他低着头不好意思地说：“老师，还是让其他人带吧。”他主动把教室钥匙还给我。这件事后，我发现他总爱在我跟前老师长老师短地问个不停，抵触情绪也荡然无存。一天，他对我说：“老师，你好漂亮啊！”我漂亮吗？不，我不漂亮，那么，冯晓成怎么会说我漂亮呢？我想那是他从心中接纳了我！而我，仅仅是让他体验了成功！

（深圳市全海小学　黄燕萍）

28.润物细无声

任职班主任，对我而言已是很久远的事情了。至少已有十年，我没有再当班主任了。十年前的孩子和现在的孩子，无论在思想上还是在个性上，都存在着极大的差异。

到“全海”的第一天，当知道自己有机会当班主任时，我是窃喜的。会后当同事告诉我，我所带的班是年级中最“烂”的班时，我更兴奋。我自认为读了几年应用心理学，也拿下了“国家二级心理咨询师”资格证，在原来的学校也是从事心理健康教育课，所以我以为不管什么班，我都能将他们调整好。但事实证明，我的估计有所不足。

开学第一天，我在教室门口足足站了五分钟，班里竟没一个人是处于“安静状态”的。后来好不容易安静下来，在我做自我介绍时，却听到有的同学私下议论：这老师好温柔啊，哈哈，我不怕她！这就是他们给我的评价。

第二天，有同学到我办公室，她对我说：“陈老师，你要凶一些，要不，班上的男生不听你的。”我被她突如其来的善意告诫愣住了，谢了该同学的建议后，我反思了自己的教育方式，我一直认为多调皮的孩子都能用爱唤醒，越是调皮的孩子可能越是缺少爱。多年来，我给同学的印象都是阳光、温柔、知心大姐，孩子们都很喜欢我，被孩子们这样认可，我也一直用爱的方式继续我的教育事业。但作为班主任，内心除了仍然要坚定爱之外，在管教方式方法上还需要“因人而异”“因材施教”；既要温柔耐心，还要有严厉严肃的一面。

通过几天的观察，我发现班里“调皮”的孩子正如杨老师介绍的一样，至少有六七个，几乎占全班男生的一半。因为“调皮”的比例高，就形成了“气候”，反正不守纪律的不是我一人，大家都觉得自己仅仅是“大众”而已。

另外班上缺少凝聚力和规则。于是我开始对症下药，在第一次班会上，我做的第一件事就是让孩子自己报名当班干部的候选人，再由全班同学选举产生班干部。同时告诉他们，四年级了，又长大了，可以自己当家做主了。做的第二件事，就是我和孩子们一起建立班规，征求孩子的意见。班规让每个孩子都签名认可，其中有孩子们自己提出的违反班规的惩罚方式，我选了几项最轻的让班长在班规上注明。

当我以为定了规矩一切都会好起来时，班里的孩子却依然我行我素。如果受罚的孩子较多，他们反而会觉得受罚是一件很“酷”的事。而且在教育大环境下，我仅能罚学生读一下班规和写检讨之类的，这些对班上的“熊孩子”来说真是“小菜一碟”。

于是我决定用心去换心，先和他们交朋友。我逐一约孩子聊天，在四楼的露台上，我把优秀和调皮的孩子穿插在一起，一天约两个，刚聊完的第二天，孩子好像改变了一些，可是几天后又渐渐返回了原形，光靠这一招好像也行不通。

同样，班里孩子的纪律卫生问题依然未见改善多少。为了尽快把卫生抓起来并以此为突破口，我采用“以顽皮治顽皮”的策略，让几个调皮的孩子担任卫生组的组长，负责分配组员的分工和监督班里的垃圾不落地，并协助班长管好班上的卫生和纪律。

这一着还真有些效果，卫生一天一天好转了。而且同时我也进行了激励机制，在班上进行小组评比，一月一次。在月末统计分数时，分数最高的组，每人奖励一份礼物，并且评出“当月之星”，“星星”最多的同学同样可换礼物。通过此方法，班风有了好转，至少能正常上课了。可是，几个特别“熊”的孩子似乎要和我“斗智斗勇”。为此，我积极和同事探讨管理方法，符老师告诉我六年级的李老师管理很有一套，我当天就直奔六年级办公室，找到李老师请教。

在我和其他科老师的共同努力下，开学的第四周，班风和卫生有了好转。而就在我满怀期待看到希望时，我的调动手续却出现了一些问题，我被通知要回原单位上班。这是在刚刚开完家长会、刚刚和家长建立起信任、刚刚和同学以及同事建立起感情时……

我多么不舍！在交接的当天，我上课上到一半时，哽咽了，说不出一句话，泪水止不住地往下流。孩子们刹那间安静了，鸦雀无声，这是我上课以来最安静的课堂了。我急忙向孩子们解释，自己因工作调动未处理好，需要回原单位，学校将会安排一位非常优秀的老师来教大家。同学中很多表示不舍，于是课上了一半停下来和同学们一起聊天了……

除了课堂上我上不了课外，交接的这一天，我还不敢见同事，不敢到饭堂吃饭，不敢开校会，我怕他们问起我的情况，怕自己不争气的泪水又会跑出来……

在全海短短一个月，我收获了许多！全海是我经历过的所有学校中同事之间的氛围最好的，大家就像兄弟姐妹，互相帮助，互相鼓励。任课的每一位老师都非常负责，一起帮忙管理班级，一起做学生的思想工作，他们的付出一点也不比班主任少，这点我很肯定！在之前我任职班主任时，班里的事就是班主任的事，任课老师只会向班主任投诉，而并不参与管理。在这里却不同，大家不但会和你一样用心参与管理，而且大家都会为班集体提出不少很好的建议。比如音乐老师不但告诉我应该如何安排他们的座位，而且还告诉我要多花时间陪伴他们；张校长也毫不保留地分享他的教育心得；数学和英语老师经常在一起吃午饭，一起探讨教育问题。这让我觉得班里的事不是班主任一个人的事，你不是一个人在管理，而是一个团队。

记得有一天出操，班上两个学生在操后打闹，体育老师让他们留下，进行教育。我事后向她表示感谢时，她说“不用谢，教育孩子是每一位老师的责任。”我被她的话感动，也深深为全海的文化吸引。

我相信，“教育孩子是每一个老师的责任”一定是全海深刻的文化内涵之一。全海良好的校风、深刻的文化内涵就像春风雨露一样，滋润着教职员工和学生们与学校一起茁壮成长——润物细无声！

（深圳市全海小学 陈霞）

29.师生沟通从“心”开始

教师工作是一项极其复杂和艰辛的工作，不论何种方式的教育总离不开教师真情的付出。老师对学生的爱、对学生真切的关怀就像阳光之于万物，雨露之于禾苗，是学生渴望享受到的。然而，师生间良好的关系与沟通不仅需要教师的爱心、耐心与细心，更需要教师有良好的沟通技巧。

在我与学生接触伊始，因为彼此陌生，师生间并没有太多深入的交流，这令我上课都有些尴尬和局促，而从学生的表情态度也看见他们对我的好奇和期待。

记得刚开始我们班有一个“不学无术”的调皮男生，上课不专心，并且喜欢讲话、影响其他同学。在多次提醒仍然不改的情况下，我对他的行为实在无法容忍，于是我十分愤怒地发脾气，叫他名字并让他站起来。当时我就看到他的脸“唰”地红了，一直红到了耳朵上，他那又恼怒又怕羞又惭愧的脸色至今让我记忆犹新。而我在课堂上教训他的话，他似乎也一半羞愧一半不服。当时，我就觉得这种沟通与教育可能并不是最好的方式。那节课下课后，我立即向有经验的老教师请教。他们说，在课堂上最好不要当着其他同学的面批评学生，这样会损害学生的自尊心，并且会让他们心里产生对老师的抵触。和学生最好的沟通方式是课下面对面交流。

听完前辈的教导之后，我尝试采取了另外一种方式，在课下找这个调皮学生，语重心长地和他讲话，并表示老师对他身上某个方面的欣赏，示意他多亲近老师，上课认真听讲。谁知道这种方法第二天就见效，学生觉得老师认可他，他在课堂上也就表现得好，想继续得到老师的肯定。经过多次深入学生内心的交谈，良性循环下，这个孩子现在已经能够基本上控制自己的行为，学习成绩大有进步。

对于同这个孩子前后交流方式的对比，我发现老师和学生沟通最惯用的方式应该是面对面。面对面有很多好处，直接方便，有利于沟通彻底，学生也会将心里话告诉你。但是，这种面对面的沟通要注意方法。当老师自己心情不好、情绪不好时，即使有学生违反纪律，最好也别找学生沟通。因为这时学生不能意识到错误，并且老师比较容易发火，导致矛盾激化，事态恶化。要善于自我调节和控制，不能把怨气撒到学生头上。要在情绪稳定的时候再找学生沟通，比较容易沟通成功。反之，在学生情绪激动时，老师要避其锋芒，学生自尊心很强，大庭广众之下指出他的错误，他们会觉得丢面子。

通过这个学生的小事件，我深深懂得了教育工作应该是体贴孩子，浸润孩子的内心。一切教育形式都应该以学生为本，从学生出发，替学生考虑。而师生之间的沟通则应该从“心”开始，和学生交心，了解学生内心，懂得孩子的需要，这样，教育工作才能更顺利地进行。

（深圳市全海小学 贺欣欣）

30.试试别说

有位母亲每天苦口婆心地与总让人操心的儿子说啊、谈啊，但总是没有效果。

一天，孩子又在外边惹了事，母亲却突发喉炎，失了声，当她拉着孩子的手与他面对面坐下时，她很生气，可说不出一句话来，只是紧紧地将孩子的手握在手心里，很久，很久。

第二天，儿子对妈妈说："妈妈，你昨天什么都没说，但我全明白你要说什么。下次我不会再犯了。"出乎意料的效果，叫母亲热泪盈眶。

读了这篇小短文，感触颇深，我们做老师的何尝不是和那位妈妈一样，每天对着调皮的"儿子"说个不停、讲个不休，有些道理他们不是不懂，但说教的效果如何呢？针对这种情况，有时不仿试试别说、冷处理的方法，无声可能会胜过有声的效果。

在我们班就发生过这样一件事。

那天上课铃声还没响，我先走进教室，准备和孩子们课前"热热身"，这时看到讲台上有一张大队部的温馨提示单，没等我拿起来细看，班长俊润就告起状来：

"老师，锦宏同学做眼操的时候睁眼睛，被阳光小队值日生扣分了。"

一石激起千层浪，还没等我说什么，学生就开始指责起他了："整个三年级就我们班的红花最少，他又给班级扣分了。他是故意的！"

"就是故意的，刚才英语老师批评他，他还笑呢！"

唉，这个孩子，真让我操心。他理解能力强、反应迅速，课上发言时他的回答总是最精彩的，他什么道理不懂啊？英语老师刚刚批评完他，我再讲一番无疑没有什么效果。而"搞不定"他，我班主任"一世英名"岂不毁了？呵呵，我在心里告诉自己：先试试别说。

上课铃响了，我一脸严肃，大家立刻端正坐好看着我，我故意高高举起那张扣分单，煞有介事地看着，教室里安静极了，孩子们有点感受到暴风雨要来之前的沉静。看了一会，我把单子放下，看着锦宏，他躲开了我的眼光，低下了头，我终于没说什么，淡定地讲起了课文。

下午放学的时候，我把他叫到身边，亲切地说："孩子，今天课上老师看到的那张单子，你一定有理由，写一写吧。"

没过一会，他就写好了：

"我是个对什么事都会好奇的孩子，对什么事情总会有反应。因此，也会给我带来一些麻烦。"开头写得不错，出乎我的意料，我便接着读了下去。

“今天做眼操的时候，我刚闭上眼睛，就听到耳边有脚步声，我的心开始痒了，总想睁开眼睛看看是谁？终于我没有控制住自己的好奇心，睁开了眼睛。尽管我是眯眯着眼睛，可还是难以逃脱阳光小队值日生锐利的眼睛，就这样，我闯祸了。”读到这里，我忍不住笑了，刚学过的课文《翠鸟》中的话，他用在这了，别说，用得蛮恰当的。是呀，这个孩子什么都懂，作文的后面接着写了自己如何后悔，情真意切，超出了他平时作文的水准。

第二天，我再请他读给大家听，大家听得很认真，既从中受到了教育，又学到了如何把一件事写具体，写出真情实感，真是一举两得呀！

一连几天，我们班一直都没有类似现象的发生，终于我们班得来了一朵来之不易的“小红花”。为了下一周的小红花，我分给王锦宏的工作就是检查眼保健操，他在工作中最认真，想必他也想抓几条好奇的“小鱼”吧。

这一招真奏效，现在我们班的同学犯了不该犯的错误，我就试着不说，让他们自己写一写，再在班上读一读，像庆源同学对自己上课时情不自禁地“自由演讲的故事”，锡铭同学因自己的原因连累了朋友的“一封道歉信”，还有杰民同学“哭声中的男子汉”，一篇又一篇，这些就是一个个孩子成长中真实的足迹，偶尔脚步走歪了，但很快他们会调整过来。孩子就是孩子，不可能不犯错误。

前一段时间，班级的孩子们很迷杨红樱的小说，《503 班的“坏小子”》在我们班也有一定的市场。我曾戏言说：“我们三年级 3 班这么多的故事也可以写成一本书了，叫什么呢？”“那就叫做《三年级 3 班的“臭小子”》吧。”一些“故事”中的主人公笑着对我说。那一刻，我觉得陪着他们一起长大真好！

（深圳市全海小学　杨丽）

31.特别的爱给特别的你

在我以前带过的班级里，曾有这样一个男孩子。他很特殊，平时很少说话，更别说主动与人交流。他的自制能力比较差，课堂上有时会不由自主地手舞足蹈，学习自然跟不上。家长之所以把他送到我们学校，也只是希望自己的孩子能在普通学校里学习，能多和正常的孩子交流。所以，在我们班里，他总显得格外突出。刚开始接这个班的时候，也许是他还不熟悉我，所以从来不跟我说话，就算我主动跟他说话，他也不理我。

一年多的时间下来，我们渐渐熟悉了，他也对我亲近了许多。但是，还一直处于“我问他答”的状态。不过，我感觉他进步了好多，仿佛一下子长大了。不但会主动交作业，还慢慢学会了进老师办公室要先报告。

看到了好的苗头，我决心要适时抓住。一个周末，我布置同学们回家背诵《落花生》一课的第十段，当然，对他来说这个作业比较难，我要求他能流利地读下来。返校后，我利用课间检查他的朗读，真的不错，出乎我的意料。我奖励了他一面红旗，他很开心。我便进一步要求他能否在全班同学面前朗读，他欣然答应了。

下午最后一节课，在全班同学的掌声中，他第一次站上了讲台，虽然还是一脸的羞涩，虽然动作还显得僵硬，但这已是他人生中的一大步。他的声音很小，似乎只有最近距离的我能听得清，但班级里出奇的静，大家都想听一听从未在课堂上发言的他会说得怎么样。最终结果，他没有让大家失望，在五十几双眼睛的注视下，顺利地完成了。课后，很多孩子都跑过来跟我说：“他进步好大，以前从来不会读课文，更别说在课堂里读给大家听。”从孩子们的话里，我能感受到他带给大家的惊喜。其实，我心里也特别高兴，更为他的进步而感到骄傲。

虽然，相比其他要求背诵的孩子，他的朗读显得过于简单，但对于他来说真的是很大的进步。我能感受到他的快乐，也能感受到全班孩子给予他的掌声是发自内心的由衷的鼓励。所以，我要谢谢他。是他让我在教师生涯中有了特殊的体验，是他从某种程度上教会了其他孩子要尊重、爱护他人，也是他在不同时期给予大家一次又一次的惊喜。此时，我想到了刚学过的《珍珠鸟》一课中的一句话：“信赖，往往创造出美好的境界。”我相信他会一天天地成长，也请他相信这是个充满爱的世界。

不知在未来的日子里，他还能给周围的人带来多少惊喜呢？快快成长吧！特别的孩子！

（深圳市福强小学 于博）

32.特别的爱给特别的他

教育应该是心的教育、爱的教育、责任教育。不管你接收到怎样的学生，作为教师应该尽心尽责地去对待每一位学生。20多年来，我都以这样的准则要求自己。回首身边发生的教育教学故事太多太多了，多得不计其数，许许多多都已随着时间的流逝而渐渐淡忘。但三年前我接收到了一位特殊的孩子，在他身上就发生了很多的故事，这些故事也许是我终生不会忘记的，因为三年来我和我的学生们对这位学生付出的这份特殊的爱会永远深深地扎根在我的心里。

记得三年前刚上一年级的他在学校无法和任何人沟通，甚至连眼睛也不会与人对视，在教室里就好像他独自一人。他不听课，在座位上坐累了，不管走道多窄，他也要躺在地上，拉他起来，你一转身又躺下去。他只穿拖鞋，一到座位就脱掉。他会看时钟，一到他认为要出去找妈妈的时间点，他就会跑出去，因为他妈妈与他有约，在每节课的下课时间要到校门口去见他妈妈。当遇到他不喜欢看到的或不想听到的就会大声喊叫，无法控制情绪。他的这些行为给我带来很大的困惑，对班级的影响很大。想从他父母那里寻找原因和方法，但其父母给我的答案就是“别的孩子会的他儿子都不会，他儿子会的别的孩子都不会。”他的家长提出过陪读，但是各方经考虑后还是没让其家长陪读。我作为他的老师，需要尽我所能去教育他，用心用爱慢慢地去打开他心灵深处的那扇门。

我观察到，他跟他妈妈的沟通几乎没太大的障碍，那么我也应该可以做到。我先尝试着从他父母处找到一些有效方法，但是没有找到，后来只好自己根据他的行为和性格特征去摸索。首先，作为老师和同学要去接受他，让老师和同学们把他所有异常行为当做是常态。在他不干扰其他同学之余，对他应像对待自己的小弟弟一样。下课主动拉他去玩，上课时常提醒他跟着同学做。慢慢地同学们习惯把他当小弟弟一样照顾，我还特地安排几个乐于助人的同学一直跟随照顾着他。如：出队拉着他；下课走出教室要有人看着他；有什么异常行为及时向老师汇报等。

对他的行为特征，他的家长从不说他有什么问题，只是说他心智发展比较慢，我作为老师也不能说他是特殊孩子，但我心里是明白的。为了能找到对他更有效的教育方法，根据他的行为特征，我到网上去搜索相关资料，然后还通过各种途径跟有此类孩子的家长取经，也参加过有关这类孩子的公益活动。我认为对他不但要有足够的耐心，还得用特殊的教育方法。如：当你跟他聊天时，首先要他先看着你。开始时，也只不过是极为短暂地扫一眼，我只好端着他的头要他看着我说，说完了，每次都会要他说出我刚说的是什么。让我很吃惊的是他的记忆力非凡，不管你说多长，他几乎可以一字不差地把你的话复述出来。通过这样的沟通，三年下来，我也能与他几乎无障碍地沟通了，最后有事没事他都会跑来跟我说几句，尽管他说的话很是稚拙，但看着他那天真无邪的样子，真是打心底里喜欢他。

三年了，他给了我太多的惊喜，多少个第一次的变化都能让我无比激动。记得一次按顺序读生字，轮到他时，同桌把他拉起来，他开口读了起来，此时我心中的喜悦无法用语言来形容，我跑过去用手抚摸着他的头并对他竖起了大拇指，同学们也情不自禁地响起热烈的掌声，他也终于对同学的表扬有了第一次的反应，可爱地笑了起来。

特别的他得到了老师和同学们特别的爱，在爱的滋润下，他慢慢成长起来了。我认为，作为一名老师首先要发自内心地去热爱每一个学生，就像爱自己的孩子一样，这样你就能感受到跟他们在一起是一种快乐、一种享受；其次，从生活的点滴中去关心他们，让他们感受到你的关爱与呵护；再次，我们在此基础上针对不同情况，实施正确有效的引导教育，让教育之爱闪耀智慧的光芒！

（深圳市全海小学　魏秀红）

33.特批作业

课间十分钟，我正埋头批改着作业，一路打钩，批到李安洲的作业时卡壳了。作业本上的字写得歪歪斜斜，错字连篇。只要看到那“李氏字体”，不用看名字，就能一下认出是他。当时我的火气就上来了，立即叫同学把他“请”到我的身边站着。他的作业本上有两个错别字了，我用红笔重重地圈了出来，一脸严肃地说：“千叮咛，万嘱托，不要写错别字！要仔细检查！你为什么老听不进？”声音不高，分量却很重。说完，我抬头冷冷地看了他一眼，想从他脸上找到悔过的表情。他没有说什么，眼睛睁得大大的，眼神好特别，我蓦然发现一种从心底流淌的渴望、一种对学习的热情正在悄悄地消逝，他的整个表情变得木然，我的心为之一颤。

等他走后，我又重新审视这份作业：字的“个子”缩小了许多，一笔一画写得重重的，十分清晰有力。在此次作业后他还默写了词语，哦，相当于做了两天的作业呀！我着实吃惊不小，不觉翻看起他前阵子的作业，他的作业比以前整洁了，字迹端正了，每天能按要求完成作业，这是以前从来没有过的，而我居然一点没有察觉。此时我突然记得前两天我发放作业的时候，他老是悄悄地翻看优秀作业的名单，而我当时还曾不屑一顾地阻止他……据我跟家长的沟通，了解到这个孩子已经开始自我要求多练字，也非常羡慕那些被表扬的同学，还主动提出买字帖练习。噢，我对他做了什么？猛然间，我仿佛看到了他那带着期盼的眼神了，仿佛一下子明白他所有的含义……这份作业好沉，这是一个孩子用“心”写的，一个简单的对错符号只能来判断作业的正误，而面对一份真正有质量的、蕴涵着特别价值的作业，必须以自己的一颗真诚的“心”去发现、去触摸、去呵护……

因为懂得了，所以也特别珍惜。我在他的作业本上工工整整写上了一个“A”，画上了鲜红的“星”，还特意画上一张迟到的笑脸。

上课铃响了，我夹着作业本，迈着轻快的步子走进了教室。教室里特别安静，我习惯地把教室扫视了一圈后，笑了笑，说：“同学们，这次作业许多同学都全对，我非常高兴。”边说着，我边举起了一叠作业本，稍作停顿，我接着说：“告诉同学们，今天老师还发现了一份最满意的作业，你们猜，他是谁的呢？”不待我讲完，同学们就一下子把目光投到班长沈泓旭的身上。我再一次停顿了一下，激动地大声宣布：“李安洲！虽然这次作业中还有两个小失误，但老师相信这份作业他是最努力的，也是他最优秀的。”从同学们的眼神和小声地嘀咕中，我看出了他们心中的疑惑。于是我翻开作业本，把上面的“A”和鲜红的“星”展示给大家。“请同学们用掌声向安洲表示祝贺！”我给他奖励了小红花，并带头鼓起了掌，随即，教室里响起热烈的掌声。此刻，我望了一眼他，内向的他腼腆地笑了。

我也反省自己的一言一行，多一份温和，少一份谴责，这样孩子学习会更快乐。此后，这样的“特批作业”多了起来，孩子们的作业质量提高了，特别是那些平时作业马虎的学生也在为得到红花而努力进步。我想关注每一位学生的成长应该从这些不起眼的点滴做起才能使其不成为一句空话。

（深圳市全海小学　陈秋苑）

34.为了孩子的明天

不知不觉中，又到了一年开学季，一大批活泼可爱的孩子即将跨进小学校门。“望子成龙”、“望女成凤”是所有父母心中的梦想，不少爸爸妈妈们对孩子崭新的学校生活满怀期待，对孩子的未来也充满了憧憬。那么，在孩子的学习和生活中，该如何陪伴他们走向更美好的明天呢？一则启事、一点思考、一份建议拿来与爸爸妈妈们分享。

一则招聘启事

现招聘男孩一名：

他要坐立笔直，言行端庄；

他的指甲不能乌黑，耳朵要干净，皮鞋要擦亮，清洗衣服，梳头发，好好保护牙齿；

别人和他讲话的时候他要认真听讲，不懂就问，但与己无关的事不要过问；

他要行动迅速，不出声响；

他可以在大街上吹口哨，但在该保持安静的地方不吹口哨；

他看起来精神愉快，对每个人都笑脸相迎，从不生气；

他要礼貌待人，尊重女士；

他不吸烟，也不想学吸烟；

他从不欺负别的男孩，也不允许别的男孩欺负他；

如果不知道一件事情，他会说：“我不知道。”当他犯了错误，他会说：“对不起。”当别人要求他做一件事情时，他会说：“我尽力。”

他会正视你的眼睛从不说谎；

他渴望阅读优秀的书籍；

他不想故作“聪明”或以任何形式哗众取宠；

他宁愿失去工作或被学校开除也不愿意说谎或是做小人；

他是讨人喜欢的人；

他在与女孩的相处中不紧张；

他不会为自己开脱，也不会总是想着自己或谈论自己；

他和自己的母亲相处融洽，和她的关系最为亲近；

有他在身边你会感到很愉快；

他不虚伪，也不假正经，而是健康、快乐、充满活力；任何地方都需要这样的男孩，家庭需要他，学校需要他，办公室需要他，男孩需要他，女孩需要他，世界万物都需要他。

——弗兰克·克莱恩

看了以上这篇文章，您想到了吗？对于孩子，无论男孩还是女孩，最重要的是什么呢？这则招聘启事源于十九世纪早期，一百年前需要这样的人，事实上，一百年后的今天仍然需要这样的人。

思考：我们究竟想要一个什么样的孩子

一起来回顾几个事例。

第一篇：夏令营中的较量

1992年8月，作者孙云晓和77名日本孩子、30名中国孩子一起经历了一次草原探险夏令营。在两天的长途跋涉中，他看到了这样的现象：中国孩子病了就回大本营睡觉，但有位日本孩子病了却说："我是来锻炼的，当了逃兵是耻辱，我一定要坚持到底！"日本宫崎市议员驱车来草原上看望两国孩子，当时他的孙子已经发高烧一天多，谁都以为他会将孙子接走，但他只鼓励了孙子几句便毫不犹豫地离去了。这不由地使人想起，在被洪水冲坏的道路上，某地的一位少工委干部马上把自己的孩子叫上车，风驰电掣般冲出艰难地带。野炊的时候，日本孩子赶紧炒菜、熬米粥，做好后先是礼貌地请大人吃，随后便自己也狼吞虎咽起来。凡又白又胖抄着手什么也不干的全是中国孩子，他们以为会有人把饭送到自己面前，至少也该人人有份吧，但那只是童话。于是，有些饿着肚子的中国孩子向中国领队哭冤叫屈。饭没了，屈有何用？在咱们中国的草原上，日本孩子把用过的杂物用塑料袋带走，他们发现了百灵鸟蛋，马上用小木棍围起来，提醒大家不要踩。可中国孩子却走一路丢一路东西……

第二篇：梦想成噩梦

2012年的3月，各大媒体刊登了这样一件事。在湖北十堰郧县的一个村里，一个年轻人"宅"死家中。他曾是村里的第一个大学生，小时候非常聪明，成绩优秀，年年是三好学生。但1995年毕业后因为对工作不满而弃职，渐渐懒散到不做事、不烧饭，能将时政大事说得头头是道，却又将自己活活饿死。这不是历史，而是发生在我们身边的现实。当初，为了成就他读大学，母亲十分辛苦，姐姐早早辍学，连父亲病亡都怕耽误他学习而迟迟没有告诉他。原本该是寄托了全家人梦想的他，最终变成了家里人的噩梦。母亲避走他乡，姐姐在他死后伤痛地表达的愿望，也只是希望他来世"做一个会劳动的人，能自食其力。"

第三篇：雇凶杀父

2010年3月，一名14岁成绩优秀、在班级担任着化学课代表的初中学生，因学习问题跟父亲争吵，继而用水果刀向父亲喉部连捅三刀，亲手杀死了自己的父亲。2013年5月，河南省周口市某县的法院院长和他的女儿在家中被杀害，凶手居然是他自己的亲生儿子——一个高三学生，只因家里管得严，就雇凶残忍地杀害自己的父亲和姐姐。

其实，如果我们有意识地去搜索一下，类似的事情有很多，触目惊心。事实为我们敲响了警钟，究竟什么才是我们应该重视的？我们到底想培养一个什么样的孩子？为什么有那么多成长时“聪明”“三好”的孩子，在接受了十几、二十几年教育之后，缺少了责任感和艰苦奋斗的勇气，而不能成人？为什么倾注全部的爱心给孩子，最后却换来孩子的心理不健康？孩子做错了事，到底该不该批评和惩罚？

教育是爱的事业，爱心能造就未来，也能葬送未来。两种爱心，两种命运。也许我们做父母的正在辛辛苦苦地孕育孩子悲剧的命运，也许我们正用自己的奋斗去摧毁自己的目标。那么，您究竟想要一个什么样的孩子呢？究竟怎样做才是真正为了孩子好？什么才是正确的教育呢？

一份家教建议

(1) 理智地给予孩子爱

每一个父母都爱孩子，反过来说，每一个孩子都承受着父母的爱，甚至还要承受爷爷奶奶、姥姥姥爷的爱。这些爱是无条件的，是无限的，是与生俱有的。但有时是超重的，把孩子压得喘不过气来。孩子们一方面获得过多的爱，另一方面又感到压力过大，过早地品尝到学习和竞争的重负。这些超重的爱大致有以下几种表现形式：

● 经济上无节制。孩子要什么买什么，不考虑哪些是必须要买的，哪些是不必要买的。只要孩子听话懂事、学习好，给什么父母都高兴。

● 轻视情感的培养、性格的形成和习惯的养成。这个时代父母工作忙、压力大，没有时间和精力关注孩子。有的父母把孩子丢给老人，好习惯的养成很容易被忽视。

● 学习有困难得不到及时有效的帮助。孩子在学习上碰到困难时，不少父母只是微观上的指责和训斥。如：作业写完了没有？考了多少分？大多数父母都经常讲一句话：“孩子，只要你把学习搞好了，别的什么都不用你管！”这近乎国民共识的话，道出了教育的真正隐患。有的父母自己没空管孩子，就花钱把孩子送入各种辅导班，所以从某种程度上来说，是父母们使孩子的竞争变得越来越激烈。

● 包办代替过多。我们怕孩子做不好，就恨不得什么都替他做，结果使孩子什么也不会做、不想做。在美国维吉尼亚的一位中国厨师讲了这样一件事：一位中国留学生到他餐馆去打工，他叫留学生去端炉上的锅，话没说完，留学生便冲过去把锅端起来，这时才发现锅里是滚烫的油，要松手，油必然泼在身上，咬着牙慢慢将锅放下后，双手已经严重灼伤，而且伤到了筋骨，几乎残废了。厨师叹气道："怎么连油锅表面冒不冒热气都不知道？"

因此，溺爱不是爱，而是对孩子的一种甜蜜摧残。孩子必须磨练，我们也必须让孩子经受磨练。这种磨练和锻炼，包括意志、体力、生存能力和竞争能力等很多方面，没有这种必要的磨练，将很难使孩子得到全面的发展。美国有一所学校有一种"生存教育"课，让学生在生存条件恶劣的荒郊生存 24 小时。日本有一所学校让小学生在雪天穿着短裤上学，锻炼孩子的毅力。而这些在我国是不可能的，孩子在学校稍有意外，家长就把学校和老师告上法庭。教育主管部门也三令五申：如果不能保证学生的绝对安全，什么活动都不要组织。而只要组织活动，在校内都难以保证绝对安全，又怎能保证在野外的绝对安全？于是，学校只能选择不搞活动，这也是一种无奈的选择。那么，当感情受到冷落，当人生受到挫折，当生命受到威胁，我们的孩子能否坚强呢？也许，去尽量弥补学校教育存在的这种不足，才是我们每一位父母更应该思考和重视的问题。

（2）要以平常心对待孩子的成长

孩子是我们的唯一，承载了我们的希望和梦想，所以在父母心里，孩子的成功就是自己的成功，甚至比自己的成功更令自己高兴。在生活中，也许我们会不止一次地听到这样的话："我这辈子就这样了，只要孩子能成才，付出再多也在所不惜。"试想，等到我们的孩子也到这个年龄，他如果也像你一样把他的梦想放到他的孩子身上，那么如此代代循环，结果可想而知。所以，帮助孩子成才，不等于要牺牲自己，父母应该和孩子共同成长，以一颗平常心对待孩子的成长。我们要重视孩子的学习，但是不能把分数、名次放在第一位，而是把人格教育（即品德、良好的心理素质、能力）放在第一位，孩子才有可能成才。

故以下几点尤为重要：

● 丢掉补偿心，找回平常心。不做人上人，要做人中人，要让孩子做一个最好的自己。具有这样的心态，可以减轻孩子成长中过大的心理压力，更有利于孩子的发展。因此，给孩子自信可能比什么都重要。

● 丢掉反常心，找回平常心。俗话说：尺有所短，寸有所长。拿自己的孩子和别的孩子比是有害的。正确的评价观，是看自己孩子的基础，孩子在原有的基础上进步了多少，给予鼓励；面对其弱点，抱着极大的耐心，教给孩子学习的方法。

● 丢掉虚荣心，找回责任心。丢掉虚荣心，找回责任心的前提是承认孩子不是父母的工具，孩子的生命是为了本身的目的而存在的，父母只是陪着孩子走一段路程而已。也许我们的孩子不一定个个都成名成家，但他们只要能发挥自己的特长，实现了自己生命的价值，就能拥有一个充实的人生；也许我们的孩子不一定能一帆风顺，成长的道路上充满了坎坷和不平，但如果他们能做到勇敢坚强，无论面对什么都能笑对人生，这样的孩子我们怎能不为他们骄傲和自豪呢？

丢掉虚荣心，找回责任心的关键是找回孩子做人的责任感和使命感，孩子不是我们的私有财产，他终究要走向社会。而如今这个社会，作为一个中国人、一个地球人，很重要的一点是要有环保意识、节约意识。所以，让孩子懂得爱护环境，懂得不浪费，也是培养他责任感的重要一步。

（3）营造和谐的家庭氛围，让亲情温暖孩子成长的旅程

孩子是父母的影子，父母的习惯对孩子有着很大影响。父母的性格、爱好也都潜移默化地影响着孩子。因此，做父母的没有彩排，面对孩子，要做好每一分钟的“现场直播”。父母的情绪、言语、行为，无论是积极的还是消极的、正确的还是错误的，都会传导给孩子。所以，我们更要做到：

● 善待自己，保持好心态。

喜欢自己，永远保持快乐的心态；珍重自己，给自己留点时间休养生息；超越自己，要有超越自己的紧迫感。

● 善待孩子，成为好朋友。

体谅孩子，孩子毕竟是孩子；尊重孩子，让他在尊重中学会自尊和自信。

● 善待家人，扮好角色。

做妻子的善待丈夫，从赏识和温柔开始；做丈夫的善待妻子，从微笑和赞美开始；做子女的善待老人，从顺从和关怀开始。

（4）创设学习型家庭氛围，营造书香家庭

“学习型社会、学习型学校、学习型社区”等词语我们都不陌生，如果家庭中的每个人都重视教育、重视学习，创设一个“学习型家庭”，那么孩子才能热爱学习，善于学习，勤奋学习。

对于刚入学的一年级孩子来说，我们应该怎样帮助孩子学习呢？

● 学好拼音。

拼音是学习汉字的基础，也是孩子入学碰到的第一个“拦路虎”，很枯燥，也没有什么一学就会的窍门，需要循序渐进。直呼、拼读……不管用什么办法，在适合孩子的基础上，扎扎实实地反复练读。

● 多认字。

作为家长，可以在生活中随时随地引导孩子大量去识字，而不仅仅限于书本要求认识的字。比如：家里布置成生字环境；到超市购物时，认商品包装上的字；到大街上认商店的招牌、广告牌；在班级里认同学的名字……为什么要大量认字，其目的只有一个：提前阅读，多读书。

● 多读书。

多读书不仅是孩子学好语文的关键，更是让他们找到启迪智慧的钥匙。众所周知，犹太民族是世界上历经苦难最多的民族，为了在歧视与迫害中求生存，他们不得不依靠教育来掌握谋生技巧并提高社会地位，他们对于教育的重视是任何一个民族都比不上的。据一项统计数据表明，美国犹太人受过高等教育的比例是整个美国社会平均水平的5倍。下面的事实足以说明犹太人是名副其实的社会精英：美国诺贝尔奖获得者中有1/4是犹太人；名牌大学中1/5的教授是犹太人；当代美国一流作家中犹太人占2/3；全世界最有钱的企业家犹太人占一半；美国的百万富翁中犹太人占1/3；福布斯美国富豪榜前40名中有18名是犹太人。另外，社会学家早就发现一个事实，“犹太人无乞丐”。看似简单，试问，除了犹太人以外，世界上还有哪个民族能做到这一点？那么，他们成功的奥秘是什么呢？教育和宗教一样神圣！对于教育，犹太人是作为一项神圣的宗教义务来履行的，哪怕最贫穷的家庭也会尽力使子女受尽可能多的教育。在现代社会中，这种重视教育、善于学习的回报就是知识和财富。

有资料显示，中美两国儿童的阅读量之比为1 ∶ 60，多么让人难以置信，但却是事实。因此，身为父母，应该重视读书并影响和带动自己的孩子，共同营造起一个书香家庭。这样对自己、对孩子、对社会都有着巨大的影响。我们奋斗打拼，无非是为了孩子能在社会上有立足之地，适应竞争激烈的未来社会。我们希望孩子会做人、会做事、出人头地、事业有成、家庭幸福，那么有没有一种可以确保我们孩子拥有美好明天的教育方式呢？如果有的话，那就是阅读，与好书为友。

● 多练笔。

日记是一种最好的自我教育的方法，也是一种最好的提高语文能力的方法。语文是一项工具，我们的最终目的不是为了让孩子认几个字，会写几个字，而是要全面提高孩子的语文素养，即让他们具有实际需要的识字写字能力、阅读能力、写作能力等。我们看一个人语文程度好不好，一个是看他的口头表达，即口才，另一个就是看他的书面表达了，也就是写作。其实语文属于交际工具，不管做什么工作，都得用语言跟人沟通和交流，也都得用文字去表达自己的一些想法和理念。

一年级的孩子年纪还小，还没学写文章，目前最主要的就是使孩子有话想写，乐于写。话不在多，一两句即可，在于有这种愿望、这种要求。因此，爸爸妈妈们不妨多关注一下孩子的日记，在孩子的日记本上留下自己的文字，就像和孩子对话一样，可以是对他作文的评价，可以是对他的鼓励，也可以是你对他的期望等，就像聊天一样。孩子看到这些文字，知道父母在关注他的生活，在陪伴他长大，相信他想写的欲望就会更大。

（5）养成好习惯

叶圣陶说过：教育就是培养习惯。习惯决定命运。那么，从一年级开始我们应该培养孩子的哪些好习惯呢?

- 有时间观念的习惯；
- 独立做好自己事情的习惯；
- 保管好自己东西的习惯；
- 写好字的习惯；
- 爱读书的习惯。

现在的孩子在智力上没有太大差别，很多差异都是习惯培养造成的。那么对于他们来说，竞争的是什么？就是良好的生活与学习习惯，而良好的习惯是要有一个养成过程的，需要父母、孩子及学校共同配合。好习惯终生受益，坏习惯有害终生。

总之，教育孩子任重而道远，衷心祝福爸爸妈妈们心情愉快，家庭幸福！祝福我们的孩子在学校度过的每一天都是愉快而充实的，并拥有一个美好的明天！

（深圳市福田区福强小学　李冬云）

35.我们一起加油

一个阳光明媚的早晨，孩子们排着队去做操。队伍里的小锐格外引人注目，他站姿七扭八歪，对着周围的同学嘻嘻哈哈不停做鬼脸，后来，还把手搭在前面同学的肩上推推搡搡。站在远处的我，气得七窍生烟，真想走过去把他揪出来示众，但想想还是忍住了，等做完操再收拾他！绝不轻饶！

早操音乐响起，全校老师都站在操场后面跟学生一起做操。我强压住心底的怒火一边做操，一边思忖着待会儿怎样狠狠教训小锐！

早操一结束，我就把小锐留下来，他并没有察觉到我的不悦，居然像发现新大陆似地，兴奋地冲我嚷道："老师，今天我回头看见你做操了，好搞笑哦！"呵，真没想到，在我紧盯他的同时，他也在观察我呢，带着好奇，我忍不住问："怎么好笑呢？"他一边笑一边学着我的动作，"你这样弯腰的"他直着身子往下半蹲，"这样跳跃的"他踮踮脚尖，几个动作居然学得惟妙惟肖！没错，由于今天穿着低领的上衣，为避免走光，我没有弯腰俯身做动作，由于穿着高跟鞋，我的确是踮踮脚就应付了跳跃运动。此时的小锐就像一面镜子，让我清楚地照见了自己做操的模样！之前的满腔怒火在瞬间化为万分羞愧。孔子曾说过："其身正，不令而行；其身不正，虽令不从。"老师自己都没给学生做好榜样，又凭什么来要求学生呢？

我不好意思地笑了笑，沉默片刻，突然灵机一动，决定如法炮制教育小锐："谢谢小锐精彩的表演，谢谢小锐给老师指出缺点，我一定会努力改正！老师也会表演，想不想看？"说完，我非常夸张地把小锐七扭八歪做鬼脸，推推搡搡骚动不安的样子，现学现卖一番，然后明知故问："老师表演的怎么样？"聪明的小锐搔搔脑袋也不好意思地笑了："老师，我也会努力改正的！"

看着小锐似有所悟的神情，我欣慰地说："人无完人，每个人都会有缺点，有缺点不要紧，关键是要努力改正！让我们一起加油，互相监督好不好？"小锐用力地点点头。"来，拉钩钩！"我伸出小拇指，"记住，这可是我俩的秘密哦！"看着小锐激动地伸出小拇指，我不禁想起车尔尼雪夫斯基说过的一句话：教师要把学生造成什么人，自己就应当是这种人！身教重于言教，为人师者，时时处处都该以身作则，用自己的言行潜移默化地影响孩子！真该谢谢小锐给我敲响了一记警钟！

此后的早操，我总是特别专注，每一个动作都努力做到极致，因为我知道，操场上的小锐在注视着我，我要用自己的行动给他做榜样！小锐也不再躁动，排队做操一丝不苟，因为他知道，老师也一直在注意他，他要和老师一起加油呢！

就这样，在我俩严守的秘密中，在我俩会心的默契中，渐渐地，老师进步了，学生也进步了，也许这就是古人所说的教学相长吧！

（深圳市福强小学　龚华）

36.我是“孙悟空”

我曾教过一年级的一个小男孩，名叫“小侯”，大家都叫他“小猴子”。他可真是个让人头疼的角色，没礼貌、调皮捣蛋、不爱学习，坏习惯样样沾边。我心里急呀！不能再这样下去了，我得想想办法治治这小子。我便开始行动了，找孩子谈话，做家访，对他做了深入的分析。

在一个阳光明媚的早上，小侯一走进教室，就大呼小叫地闹开了：“我收到齐天大圣孙悟空的来信了，大家快来看呀！”消息就像长了翅膀，瞬间在班上传开了。小侯兴奋得脸上泛着红光，信是这样写的：

小侯小朋友：

你好！一个夜深人静的夜晚，我睁开火眼金睛，发现你一个人在电视机前看有关我的动画片，我深受感动，我知道你是我的铁杆粉丝，我决定和你交朋友。不过你得改正调皮捣蛋的坏毛病，做个有礼貌、爱学习的好孩子，我就会来到你的身边，和你玩个痛快。

孙悟空

一年级的孩子都知道孙悟空是个英雄，都很崇拜他。不过，小侯能改掉那些毛病吗？孩子们用不信任的眼光瞧着小侯，意思很明确，就凭你小侯的德行，行吗？小侯似乎从同学们的目光中读出了不信任，他愤怒了，握紧拳头说：“孙大圣，你就等着我的好消息吧，我绝不会让你失望！”

时间过得真快，一转眼就过了将近两个星期，这些日子，小侯可真是发生了翻天覆地的变化，他不惹事生非了；上课时，也不乱喊乱叫了；作业能按时按量地做好。我在一旁不停地给他鼓劲，继续加油！孙大圣马上就会来见你了。他的劲头更足了。

有一天语文测验，小侯早就做好了准备，只见他认真地听我读题目，仔细地答题，全不像以前看着试卷光走神。写着写着，我突然看见他在冥思苦想，那个急呀，就甭提了。是呀！如果做不出，他就别想和孙大圣见面了。只见他汗都冒出来了。就在这一瞬间，小侯的目光快速地从同桌的试卷扫过，然后高兴地在自己的试卷上写着，得意地点点头，似乎在说：孙大圣，就等着我的好消息吧。

下午，小侯又收到了一封大圣的来信，他美滋滋地说：“估计是大圣知道我进步了，要和我见面呢。我一定要大圣教我翻筋斗云，一个筋斗十万八千里，从此以后，我就是天下无敌了。”他迫不及待地拆开信，只见信中写道：

小侯小朋友：

这段时间你的进步很大，祝贺你！但这次测试所有的题目都是自己独立完成的吗？俺老孙可不喜欢跟弄虚作假的人交朋友，再给你一个机会，主动向老师承认错误，我保证老师不会批评你。

孙悟空

“这个孙大圣真是火眼金睛，我的一举一动都知道呀！”于是他主动找我承认了错误，真神！老师真的没有批评，还表扬他勇于认错。小侯信心更足了。

到期末测试了，在小侯的梦想就要成真的紧要关头，因为他学骑车不小心摔伤了手，不能来参加期末考试了。这下可把他急坏了，看来和孙大圣是没法见面了。他妈妈变戏法似的，不知从哪弄来了孙大圣的信，信是这样写的：

小侯小朋友：

这次不怪你，不是你的错，你好好养伤，到时候我会派天兵天将助你一臂之力，你千万不要灰心。

孙悟空

一天，小侯正在睡意蒙胧时，听见了响声，他睁开眼睛，只见病房里摆满了鲜花和水果。门被推开了，涌进来一群孩子。啊！这不是咱班的同学嘛！小侯说：“别吵，可别把我的天兵天将吓跑了。”一个孩子笑弯了腰，说：“就你一个人蒙在鼓里了，哪有什么孙大圣和天兵天将，学好本领，我们比孙大圣还厉害，那些信是欧老师写的。”小侯真不敢相信。此时，我微笑着走入病房，对小侯说：“我就是孙悟空，我知道你特别崇拜他，就想了这个办法，只要你努力，将来本领比孙悟空还要大呢！”

窗外正是严冬，病房内却春意融融，小侯紧紧抱着我，感动地哭了。此时，我在想，教育孩子时，这样的“谎言”用用又有何妨。

（深圳市全海小学　欧小英）

37.我是你的家人——家访手记

踏上工作岗位，我从未想过，自己一个英语老师，居然要做班主任，可这居然成了现实。两年前，在校领导的谆谆教导下，我“光荣”地接受了这个任务。一开始还抱着幻想，认为只是代理一下，等领导物色到合适人选，我就安心耕好自己的一亩三分地，做回自己的英语老师，在自己的英语天地里畅游。可惜我又错了，自从我接受班主任这个神圣而又光荣的任务后，就欲罢不能，居然喜欢上了它，热爱上了它。记得刘泽和校长这样说过：一个没有做过班主任的老师是不完美的，当我亲身经历了这个过程后，我强烈认同这一句话。只有身为班主任，你才能更为深入地了解学生，了解学生的背景，了解学生生活的点点滴滴，这就是做班主任的财富。

世上只有你想不到的事情，教育生涯十年，“家访”一词已经是一个上古时期用语，也就是说，“家访”之于我们，脑海中只是由于通信不便利、沟通不顺畅而出现的产物。如今，社会步入信息时代，家访是不是离我们太远了？或者说，可以成为一个历史名词了？万万没想到，这个在我们脑海中即将消失的词语，这个在我们孩童时代才有的行为，又重现在我们眼前。当学校领导布置“家访”任务的时候，我们为之惊呼、诧异。这是怎么一回事儿？时光倒流，还是昨日重现？带着不理解、不认同，我们就上路了。

按照学校的要求，老师最佳的家访形式是“组团”家访，一来气势比较壮观，二来也容易唱“双簧戏”，三来话题比较广阔……总之，我就采取了避重就轻的“组团”形式。先是预约。谁是“倒霉蛋”呢？我要敲开谁家的大门呢？找个家庭比较配合的吧，嗯！就是他——小邹同学。父母都是知识分子，班级家委会的骨干，妈妈还是我的闺蜜。行了，就是他。我拨通了他家的电话……当我说要家访的时候，对面一阵惊呼：“钟老师，你要来我家家访！真是太好了，我早就想你来我家坐坐了，我经常在我儿子面前说，要请钟老师来我家监督，我们约时间吧……”我正纳闷她为何这么爽快的时候，电话那头还在兴奋着，她还说要设计一套方案，约上她老公，一家人和三个老师坐在一起，如何如何，我只好嗯啊回应，完全跟不上思路。

挂掉电话，我陷入沉思。她是真心想让我去，还是强作欢颜应付？或者说，我该为家访准备什么？毕竟，这是一份沉甸甸的任务，万一没有家长想象的效果，我这个班主任岂不很没面子？于是，我又开始构思家访的场景，预设家长的问题，或者是我的一些“台词”。小邹是班里的佼佼者，成绩一流，是所有老师的宠儿。可能是因为太优秀的缘故，他总是有些“霸道”；在班级管理方面，他很有一套方法，但也过于鲁莽；他很聪明，但太自以为是。有一次，有位同学作业没做完，他居然自作主张留下了那位同学，人家奶奶找到学校来，到了教室，小邹居然很不客气地跟同学的奶奶说："以后你要好好管教你孙子，总是不做作业。"这位奶奶告诉我的时候，我都惊呆了。小邹为班级服务的心是好的，但我该如何告诉小邹，要注意方法呢？我怕过度的语言挫伤了他的自尊心……

对，就这件事吧，一来这是近期小邹同学最需要解决的问题，二来这个话题容易引起家长的关注。可是，我该怎样说呢？

当我心里还七上八下的时候，"约会"的时间已经到了。容不得我多想，我们三人一行就按响了小邹家的门铃。一个星期二的 17 点零一刻，我们彼此面带笑容，坐在本来不是很宽的客厅，但我还是觉得离他们好远，因为我心里完全没有底。此时，我才发现，家访真的不简单，不是简单地坐坐就完事儿了，我预先设计的那些"台词"全都忘光了。难道我们只能谈谈家常然后就回去？

正当我还在揪心的时候，我的两位领导同事，已经天高地阔地跟小邹父亲谈了起来。他们非常"高调"地肯定了小邹同学在校的表现，并夸小邹同学前程远大，他们还夸了小邹家长教子有方，说要向家长"请教"教子之方。我担心这样夸下去，我们岂不是没办法解决问题？或者说，我的目的无法完成？毕竟，此行我的目的，是想向家长透露些我的担忧。小邹父亲也能言善辩，述说了小邹成长的历史，家长是如何养育小邹的。我如坐针毡，看着墙上的时钟滴答，话题似乎离我越来越远。正当我焦虑不安的时候，小邹父亲说，他想生第二胎，因为，独生子女都会比较自私，不懂得如何与人相处，不懂得礼让……，此时我同事突然就接话了：邹总很有远见，这个问题很普遍，在小邹身上，也同样存在这样的问题。这时候，小邹的父亲说了他的一些担忧，他担心孩子生活条件太过优越，不懂得吃苦；他担心孩子太过顺利，没有抗挫能力……我感到时机来了。我说："小邹在这方面确实遇到了一些问题，需要引起我们的重视。"此话一出，大家都安静了下来，我开始慢慢叙述，将近期我观察到的小邹的那些不好的现象做了详细的阐述。我的"台词"全都放出来了。

当我说完，小邹父亲神情严肃地接过话去："谢谢钟老师把这个问题坦诚地说出来，我还担心你们来家访，只是说说孩子的好话，而我们家长仍然蒙在鼓里，孩子在学校的情况，我们非常迫切地想知道，因为只有知道孩子的具体情况，我们家长才能对症下药，做出正确的教育方略。"

我说："虽然小邹出现了这样的问题，但我并不想用太过简单的方式去处理，去批评或者教育，我想，小邹的心是好的，他想为班级服务，想让同学进步。只是他在方法上有些粗糙，我们要做的，是引导其用更为合理的方法去做事，而并非不让孩子成长，孩子成长就会遇到各种各样的困难，而困难正是我们教育的载体。”

“我非常欣赏钟老师的‘载体’说。”我的同事接话了，“孩子不出现困难或者是不犯错误，证明孩子的内心是胆小的，是不勇敢的。勇于尝试当然就会遇到各种问题，而遇到问题，正是孩子进步的机会，我们的教育，往往是把孩子解决问题的机会给扼杀了……”

没想到，我们聊着聊着居然到了七点半。两个多小时的聊天，居然这样快，而且还是与家长聊天。按照领导的意思，我们不能吃家长的一顿饭，不能接受家长的一份礼。可当小邹妈妈把热气腾腾的饭菜端上来的时候，我还是忍不住流下了哈喇子。谁叫我经受不住美食的考验呢，就吃它一回吧，管它什么规定呢！

这顿饭是我吃过的最香的饭，因为我已经好久没有“不劳而获”了，享受别人的劳动成果原来可以这么快乐。晚饭中，我们跟小邹父母，跟小邹说说笑笑，小邹也感受到了来自老师的亲切与平易，近距离接触到老师，了解到老师。对他而言，这是更进一步了解世界的方式。还是我同事有方法，吃饭的时候，不停地跟小邹开玩笑，逗得小邹哈哈大笑。同时，他又不断问小邹班上发生的事情。小邹一五一十娓娓道来。说到班级的时候，我同事说：“我们班越来越好了，还多亏了小邹你呢，你真是我的得力助手。”我也接上话了：“是啊，只要你坚持下去，你一定会越来越出色的。”我的另外一个同事说：“当然了，如果你能在为班级服务的时候，注意一下方法就好了。”这时，小邹倒是挺主动地说了前几天发生的事情，更为难得的是，他清楚地意识到了自己的错误，并且知道下次该怎么做。我心里想，孩子在进步的过程中犯错，有什么不对的呢？没有错误，没有进步。

回来的路上，我们几个共同感慨，家访不是没有用，家访才是家校沟通最亲密、最融洽、最有效的方式。冷冰冰的电话，静悄悄的短信，还有办公室那些居高临下的老师们，都容易让家长感受到拘束和不安，而家庭里其乐融融的气氛，更能使老师和家长之间搭建起和谐的桥梁。

好的，我决定再访一个，下一个是……

（深圳市福强小学　钟秀华）

38.阳光女孩

二年级的时候，我们班从市外别的学校转来一名女同学。她梳着两条羊角辫，说话总是微微地歪着头，喜欢笑，一笑就露出两颗尖尖的小虎牙，特别可爱。我一见她，就喜欢上这个新来的学生，感觉她就像一朵小小的太阳花，一下就给我们班增添了一抹阳光。

她很有号召力，班上总有一股力量凝聚在她的周围。不管是男同学，还是女同学，都喜欢和她玩。假如今天哪个女同学不开心了，肯定就是她和人家闹小别扭了。但这种情况很少出现，即使出现了，她也能很快让人家重现笑容，她就有这个魅力。

有一天，她惹事了，把班上一个最乖的内向男孩给打了。男孩子的家长带着哭哭啼啼的孩子找我投诉。究其原因，原来是她嫌这个小男孩讲话娘娘腔，说是训练人家男子汉气概。本想揍他一拳，让他回一掌，谁知道人家竟然不还手，还哭得稀里哗啦。哎！后来她妈妈买了玩具带着她上门给男孩子道歉。但这件事后，这个小男孩竟然从此有了很大的变化，不爱哭了，课间也乐于和别的男同学嬉戏玩闹。班上有了她，各项班级活动都能进行得有声有色、欢声笑语。

她就是这么一个女孩，开朗大方，胸无城府。谁有困难，谁受委屈，跑在前头的，肯定是她，同学们都喜欢她。最主要的一点是她的学习也一直是同学们的榜样。课堂上，只要是她参与的讨论，气氛就特别热烈。她说话节奏快，思维清晰，噼里啪啦，像炒豆子似地，谁也讲不过她，但都佩服她，她自己也乐在其中。

我一直觉得，做教师没有能力点燃火种，但绝不能熄灭火种！面对班上因一个阳光女孩而洒在充满好奇和天真的孩子们身上的那抹阳光，我特别珍惜，也特别感动。我努力让每一个孩子的心中充满阳光，让每一个孩子都在这种阳光的抚慰下快乐成长。

每次看着这个笑得甜甜的、天天快乐无比的女孩子，心生羡慕。怎样的家庭，怎样的父母能培养出这样充满阳光的女孩？直到有一天，她妈妈给我打电话，我才知道了原因。原来，这是一个生活在一个不和睦家庭的孩子，她由妈妈带大，从小就听惯了争吵和打闹声。爸爸是一个脾气暴烈的人，生活中稍有不顺就打骂家人。她妈妈忍受不了，才带着她搬离原来的家，所以才转学来到我们班。现在妈妈的生意重心转到老家，所以才想着把孩子转回老家的学校。听到这个事，我心就一直往下沉，好难受！我真舍不得她。也想象不出这个阳光女孩在生活中经历过怎样的艰难。我偷偷问了她，她沉默片刻，竟然哭了。她说，假如她不快乐，她就无法带给妈妈快乐，假如她不快乐，她就无法体验生活、学习带来的乐趣。我很惊讶，一个才十一岁的孩子能说出这样的话。我禁不住紧紧地抱了抱她，我也想用我身上的阳光去温暖这个坚强的孩子。我告诉她，感谢她带给老师、带给同学的快乐。

一个学期结束了，放假前，我让她在班上宣布了这件事。全班同学都很愕然，都表现出了依依不舍，有些女同学哭了。班长倡议，大家给她写一句话，鼓励或想念的话都可以。我支持孩子们的建议。全班在送给她的日记本上写下了深情话语，并集体签名，用一颗红心形状的线条框住，以表达大家的不舍之情。在这本凝聚着全班同学浓浓情谊的本子首页，我也写下了心声，表达了三年来挥之不去的师生情意。

三年多来，我不能说，我给孩子传授了多少知识，但是，这个阳光女孩子却教会了我如何更好地面对生活。的确，生活不能没有阳光。感谢这个阳光女孩，感谢她给我、给班上同学们带来的这抹阳光。

（深圳市福强小学　黄玉琴）

39.孩子，谢谢你

这是一个发生在上学期的故事。星期五，我正在班上给孩子们讲《日月潭》这篇课文。《日月潭》是人教版第四册第三单元的第一篇讲读课文。本课介绍了日月潭的秀丽风光，表达了作者对我国领土宝岛台湾、对祖国大好河山的热爱之情。作者是按照这样的游览顺序描写的：首先介绍日月潭的地理位置和周围的优美风光，然后介绍日月潭名称的来历，最后介绍日月潭清晨和中午各异的秀丽风光。语言流畅优美、清新自然，文中字里行间无不体现着景色的美，洋溢着作者对日月潭的喜爱之情。它不仅是一篇供学生品词析句的好文章，也是进行爱国主义教育、陶冶学生情操的好教材。我按照教学预案，先感知全文，采用了小组合作方式自学了生字词语，并对识字方法做了反馈和交流。接着就是学习课文了，在这个环节中，我依然让孩子们保持着自学的习惯，在了解了日月潭的来历以后，我准备要孩子们尝试着根据自己的想象来画画自己心目中的日月潭的样子。

此时，很多同学都高高扬起自己的小手。看着一张张可爱的笑脸，我心里一动：新课程真的很有意思，这么简单地画一画，就能激起孩子们高涨的热情！我随手一指，叫到了班级里一个平日里有画画功底的孩子——崔振华，这个戴着眼镜的男孩，瘦高瘦高的，画画时很有想象力，他沉稳地走上讲台，一副胸有成竹的样子。

我和其他孩子一起静静地注视着、等待着，一秒、两秒、五秒……果然他很顺利完成了，画得真不错，我对他大加赞赏，并准备进行下面章节的学习。

这时班级里面有个叫杨文稳的小女孩，突然举起手，嘴里还小声地嘟囔着：“姚老师，我有一个问题。”在语文教学中，我是非常认同学生这种“插嘴”的，古人有云：“学贵有疑，小疑则小进，大疑则大进。”于是我马上微笑着点头示意，请她提问。

得到许可后，杨文稳站起来，用怯生生的声音说：“日月潭为什么叫‘潭’，而不叫‘湖’或者‘池’呢？”听了这个疑问，我并没有马上回答，而是马上把这个问题用“抛绣球”的方式回抛给学生，让孩子们展开积极的讨论。“水尝无华，相荡乃成涟漪；石本无火，对击始发灵光。”我相信经过碰撞一定会激发出思维的火花。

几个小脑袋便凑在一起窃窃私语，“仁者见仁，智者见智”。过了一小会，我拍手示意停止讨论，进入交流时段，这时一个孩子站起来响亮地回答：“我知道为什么不叫池，因为池很小。”

听了他的发言，我微笑着点点头，表扬他很会思考。接着我又问：“还有其他原因吗？”这下孩子们都不吭声了。一阵沉默之后，诸茵瑶站起来说：“课文里说日月潭很深，说明水很多，所以不能叫池。”我一惊，便反问道“那为什么不叫‘日月湖’呢？”教室里又是一阵沉默。这时我顺势讲述了“日月潭”来历，孩子们听得津津有味，后面的学习兴趣盎然。整节课轻松地完成了教学任务，孩子们还在课堂上做了一会儿“快乐游戏”呢。

课后，我回顾、反思：为什么今天的课效果如此好呢？我想主要应该归功于课堂上提出的问题，课堂上学生的问题可以说是一粒石子，投进了平静的湖面，结果泛起了微波，让这节课浑然天成，效果极其好。课堂上，孩子是天生的“问题少年”，是天生的探究者，他们出其不意的一个质疑，可能就是我们课堂的切入点，通过这个切入点，课堂往往可以生成更多、更值得思考的东西。看来在教学中，一个设置巧妙的问题，往往可以“牵一发而动全身”。

孩子，谢谢你，让同学们有了一次难忘的课堂经历，也让老师有了一次深刻的反思机会。

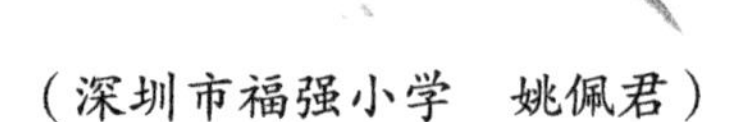

（深圳市福强小学　姚佩君）

40.一朵红玫瑰

每一份关心都是真诚的付出，每一份真情都是挚爱的源泉，作为老师，只要用心关爱孩子们，你就会感到无比幸福。

我们班上学期新转来一个可爱的小女孩，她聪明伶俐、成绩优异、热爱劳动，老师和同学们都很喜欢她。可她又是一个沉默寡言、不爱说笑的孩子，每天下课总是一个人躲在角落里，好像一只胆怯的小猫，所以她的身边没有一个朋友。我看在眼里记在心上，认真了解了她家里的情况。有一天我给班干部开会，语重心长地说："孩子们，你们知道赠人玫瑰，手有余香的意思吗？它的意思是一件很平凡的小事，如同赠人一支玫瑰般微不足道，但它带来的温馨都会在赠花人和受花人的心底慢慢升腾、香气袭人。小文是个可怜的孩子，长这么大从来没有见过自己的父母，不知道有父母疼爱是多么幸福的事。她是一位好心的老奶奶捡到的孩子，七十多岁的奶奶从小把她养大。她们家生活很艰难，奶奶身体又不好。所以小文从小就特别懂事、听话、学习刻苦，还经常帮着奶奶做家务。现在她的奶奶已经八十多岁了，她担心奶奶有一天走了，就永远见不到疼她爱她的奶奶了。今天老师要告诉大家，希望你们主动和小文交朋友，帮她做力所能及的事，让她开心起来，成为一个快乐的小女生。"同学们都答应老师一定多帮助她，跟她成为好朋友。我特别高兴，夸同学们是世界上最美丽的玫瑰。

从此以后，孩子们一下课就主动找小文玩，带着她做有趣的游戏，还邀请她到家里玩。有的同学周六去公园玩，一定让妈妈开车带着小文一起去。小文没带文具时同学们都主动给她用，有的同学还去她家里帮她一起做家务，大家相处得特别好。有一次秋游，全班只有小文不去。我问她为什么不去？她说很想去，只是奶奶没有太多的收入，仅有的一点退休金还要吃饭、买药，所以不想给奶奶增加负担。我知道后帮小文交了钱，同学们也争着给她买很多好吃的。她开心极了！八十多岁的奶奶特意来到学校，感谢老师和同学们对小文的关心。

有一次，小文的奶奶突然晕倒在地，她哭着给我打电话。我以最快的速度赶到小文家，开车把奶奶送到医院。小文的奶奶得的是严重的高血压，幸亏送医院及时，如果再晚一点会有生命危险。小文看着躺在病床上的奶奶，眼泪不停地流。奶奶拉着小文的手："小不点，奶奶没事！别哭。"小文一边哭一边喊着："奶奶，奶奶你要快点好起来，我不能没有你。没有你我怎么活呀！"祖孙俩抱头痛哭。"小文奶奶你千万别太激动了。""小文不要哭了，奶奶现在需要好好休息！"我赶忙劝祖孙俩。奶奶好不容易止住哭声，又拉着我的手，伤心地说："老师，我说不准哪天就不行了，如果真有那么一天，你帮帮我孙女呀！"小文听到这，失声痛哭："不！奶奶，我不要失去你，你是我唯一的亲人。我不能没有你！"在场的人无不掩泪而泣。

奶奶住院期间，我和家长以及同学们轮流照顾小文和奶奶。在大家的帮助下，小文奶奶很快出院了。

教师节的时候，小文自己动手用彩纸特意给老师和同学们做了一朵红玫瑰。她捧着这朵红玫瑰，激动地说："冯老师、同学们，太谢谢你们了！你们的爱我永远记在心里！老师您讲过赠人玫瑰手有余香，今天我把这朵红玫瑰送给您和同学们。"大家热烈地鼓起掌来。小文的脸上露出了灿烂的笑容！

看到这些，我的心也被深深地感动了，多好的孩子呀！让这份关爱一直深入到我们的心中。作为老师，我深深地感到，只要付出一份爱，孩子们会成长得更好！

（深圳市全海小学　冯岩）

41.一位学生的蜕变对我的影响

毕业至今近10载春秋，和孩子们的故事也是数不胜数，但有个孩子的脸庞总是时不时浮现在我眼前，他的故事一直提醒我要做到尊重每一个孩子的个性，把孩子当做成长中的人，要给孩子更多正面的、积极的能量，不要让自己一个小小的言行磨灭了他的前途。

刚毕业那年我被安排教三年级，开学的第一天我悄悄地站在教室门口观察了一会儿，然后便敲门走进了教室，看见一张张可爱的小脸庞真是讨人喜爱，心里开心极了，自我介绍完后便和同学们很快融入到快乐的课堂教学活动中。但不一会，我就发现了一个不同寻常的孩子——小杨，他没有理睬今天新来的老师，也没有管老师讲的是什么课，而是自己忙着自己的事情，一会儿这弄弄，一会儿那搞搞，始终没有停下来。于是我就特意问了一个问题，并叫小杨同学起立回答，没想到居然答对了，但我心里不服还是警告他要认真听课。回到办公室我找到班主任了解孩子的情况，班主任热心地跟我说了孩子的家庭情况、生活情况以及学习情况。一番了解后，我在心里给这孩子下了这样的定义：这样扰乱课堂纪律，不认真学习，就算有聪明的脑瓜又能怎样呢？以后应该不会有什么好的发展。就是因为我在心里一直是这么认为的，无形中在我的课堂上也表现出对这个孩子没有那么多的赞赏和肯定。慢慢地小杨偶尔会对班上的同学说："老师好像不是很喜欢我呀！"听到这些话后我也并没有什么感触，只是提醒自己以后还是注意一下自己的言语表达方式和方法，并没有在行为上真正去改变什么。就这样一年过去了，第二年我被安排教了新的年级，而对小杨的印象就是不守纪律、不听课、没什么前途。但我也会时不时注意一下这个孩子，好像我想要印证我的这个判断是对的一样！时光如梭，一晃小杨毕业了，我也听说他去了私立初中，我又想：看见了吧！这样的孩子，公立学校都不会要的，只好去私立了。之后我便没有了关于他的任何消息。

然而在一次午饭之后，我和小杨以前的班主任闲聊散步时突然提起了他，班主任说：那个孩子现在好厉害呀！学校报纸专门用一整版的篇幅来报道他，各科成绩都很好！我当时听到这些话时感觉很吃惊，几年会变化那么大吗？是不是私立学校也没什么好学生呀？估计是这样的，他很聪明，成绩好也很正常。就是在这个阶段我也没有改变我对他的观点和判断。一晃到了毕业季，这个孩子回到了母校来看望老师，当他叫丁老师的时候，我差点没认出来是小杨，因为他高了、壮了，不再是以前的小孩子了。他问我：老师你记得我是谁吗？我毫不犹豫地说出了他的名字，他感到很意外还带着惊喜。他高兴地告诉我："老师你知道吗？这次中考我是状元啊！"我说："真的呀？那也太厉害了，恭喜你呀！"但我当时内心并没有真的相信他说的。紧接着他顺手从书包里翻出来了成绩单交到了我手上，我一看惊呆了：数学98，语文95，英语100，科学99。我当时感觉自己怎么会那么蠢，居然会不相信他！这个孩子怎么会一下子这么厉害呢？于是我接着追问他："那你考到什么学校了？"他轻松地回答着："深中、实验都录了，但我不想去，我这种学生还是适合在私立学校待着。"我惊讶他的答案，接着问："为什么呀？"他笑咪咪地说："老师你教过我，还不知道，我有很多事情要做，我不可能天天坐在教室里读书，我现在在研究航模技术，而且已经开始接航拍的活了，我设计的软件在苹果商店要8美元才能下载一次。所以我很忙，要经常出去参加活动和搞研究，如果我这样的学生去了正规的学校，开除是早晚的事！呵呵！"听到这些话时，我对自己以前给他下的定义感到深深的惭愧。自己是多么的肤浅和缺乏发现的精神。一翻攀谈后我们就各自道别离开了。就在谈话那天后的一个星期一，我接到了一封邀请函，是关于现代高科技的技术专家讲座，讲演嘉宾有很多是世界顶级人物，有Facebook的创始人、有某电子商务公司大中华地区的CEO等，接着我看到了小杨同学（本次讲座最年轻的专家）的"中国航模技术的发展"主题。哇！这孩子简直就是天才呀！我怎么会没有发现呢？就像有人所说的："其实每个人都是一颗闪耀的钻石，而我们却缺乏发现这些钻石的眼睛。"这个孩子的成长经历让我一直在反思自己的所思所想和所作所为，反思的同时我也提醒自己，即使我发现不了每一颗钻石，也万万不能让一颗闪烁的钻石失去光芒。我要时刻谨记这个孩子蜕变成闪耀钻石的故事。

这个经历让我深刻体会到了很多的道理，首先，要用发展的眼光看待孩子，不能因为这个阶段的状况就判定他以后的未来，孩子们永远是变化的，而且变化可能出乎我们的意料。其次，要根据孩子的个性差异来进行有的放矢的教学，要尊重学生的个性差异，对于不同的学生采取不同的教学方法。最后，把学生当做真正的人，关心爱护学生，并且从心里去真正爱他们才会在行为上有所体现，爱是教育之源泉。从这个学生的成长经历中我感悟到了很多教学道理和人生哲理，作为一名小学英语教师，我要认真对待自己的工作，对学生负责，真正成为学生们的良师益友。

（深圳市全海小学　丁玲）

42.一支七彩笔

每每看着桌上这盆跟随我多年的太阳花时，我总会想起一个开朗健谈、阳光率真的男孩儿——文立志。

记得那是我到福强小学的第二年。一天中午，步行街小卖店的李阿姨气喘吁吁地跑到学校，一见面就冲着我嚷嚷："你们班的文立志在我的小店里偷了一支七彩笔！"居然有这样的事！学校这边一大堆事情还没有忙完，他又来添乱，非得好好教训他不可！我问清情况，安抚好李阿姨，并承诺一定会给她一个交代后，她才悻悻地离开。

送走李阿姨后，我慢慢冷静了下来：文立志这孩子平时虽然很调皮，可干这种事还是头一次。他的家境不错，孩子本性也并不坏，这种行为如果不及时纠正，那么发展下去，后果不堪设想。"不行。这件事绝不能等闲视之。"

正好下午第一节是体育课，我就去操场上找到了文立志。我装着什么也不知道的样子笑着说："立志来，老师考考你，看看你对学过的课文是不是真的弄明白了？"

听说要考他，小家伙立刻来了劲，笑眯眯地问："好，考哪篇课文？"

"你说说《灰雀》这篇文章讲了一件什么事情？"

他搔搔头皮说："讲了一个小男孩悄悄藏起了一只灰雀，后来列宁对灰雀的喜爱感动了这个男孩，男孩便主动送回了灰雀。"

"那你知道男孩儿为什么要这么做吗？"

"因为他想做一名诚实的孩子！诚实的孩子，应该知错就改，而不应该隐瞒自己的错误。"

"嗯，你说得真好！你自己经历过这样的事情吗？"

"这……"他的神情骤然紧张了起来，脸涨得通红，脑袋迅速地垂了下去，不敢看我一眼。

"今天中午，小卖店的李阿姨找到我，说我们班里有位同学，在她的小店里悄悄拿走了一支七彩笔，你知道是哪位同学吗？"我紧盯着他的脸，他却一言不发，嘴紧绷着。

这时我又进一步引导："犯了错误并不可怕，只要这个同学像课文中的男孩儿一样知错认错，就是一个诚实的好孩子，就一定会获得大家的原谅。你说对吗？"

过了好一会儿，只见他慢慢地抬起头，鼓足了勇气说："是……是我……我……我错了……"说完又低下了头。

"你真是一个诚实的孩子！"我用手摸着他的头继续说道，"据老师所知，你的家境富裕，想买一支七彩笔，应该是很容易的事情。你能告诉老师，你为什么这样做吗？"

"老师，我……我非常非常喜欢那支七彩笔，可是妈妈总说我不爱惜东西，就是不给我买。早上放学在小店时，我看见人很多，以为李阿姨不会发现，所以就……”

“好孩子，李阿姨靠经营这个小店维持着一家人的生计，多不容易啊！怎么能趁别人没看见就悄悄拿走呢？古人说得好，‘勿以恶小而为之’，哪怕就是一根针，不是自己的也不能拿……”我一面严肃地给他分析欺骗行为的危害性，一面又启发他，“人非圣贤孰能无过？列宁打碎花瓶，事后能写信道歉；里根踢碎别人家里的玻璃，就上门道歉并打工偿还债务；华盛顿砍倒树木后，主动向父亲认错。一个人犯了错误并不可怕，关键是看他如何去改正错误。”

“我……我……”豆大的泪水从他的眼里流了出来，“我自己去找李阿姨承认错误，我会把七彩笔还给她。”

我赞许地点了点头，和他一起向小卖店走去。到了店门口，他却犹豫起来，欲进还休。我牵起他的手，加了加力说：“加油！诚实的孩子最勇敢。去吧！老师爱你！”

只见他深深地吸了一口气，小脚一跺，快步走到了李阿姨的面前，双手捧着那支七彩笔说：“李阿姨，我中午做错了，我不该拿走您的笔，请您原谅我……”

李阿姨看到文立志诚心认错，便温和地说：“行了。知错能改就是好孩子。”停了一下，李阿姨忽然又把接在手里的七彩笔塞回到文立志的手里，补充说：“之前我气坏了，就跑去告诉了你的老师，现在看见你态度这么诚恳，我的气呀，顿时就消掉了。这支七彩笔，就算是阿姨对你改正错误的奖励吧！”文立志一时不知所措，转过头来看着我。我微笑着示意他谢谢李阿姨。临出小店时，我趁他不注意，悄悄塞给李阿姨十元钱。一路上，他只是低头摩挲着那只笔，没再说过一句话。我想他刚刚受到了教育，心里肯定一时难以平静，也就没再多说什么，到学校后就让他直接回班级上课了。

第二天，在文立志上交的作业本里，我发现了他夹进去的十元钱和一张小纸条。纸条上赫然写着：“老师我爱您！我一定会做一个诚实的学生！”我怔住了。试想当初，如果我仅仅因为听见李阿姨的一句状告之词，就给孩子贴上了“偷”的标签，那么在他长长的成长道路上，这将是一个多么沉重而又耻辱的包袱。苏霍姆林斯基曾经说过：要做到摘下坏掉的枯叶而又不使花朵上的露珠被抖掉，需要多么的小心谨慎，因为我们接触的是自然界中最精细、最娇嫩的东西。作为教师，我们不光是学生知识海洋的领航者，更是学生人生旅途的指路人。我愿用真诚的师爱，充当学生心灵的“护花使者”。

那一年的教师节，我收到了文立志送给我的太阳花。如今，这盆太阳花长得更加繁茂了。它虽然花形不大，却朵朵向阳，开得英气挺拔、蓬勃绚烂！

（深圳市福强小学　马晓丹）

43.用爱守望

托尔斯泰说过，“如果一个教师把热爱事业和热爱学生结合起来，他就是一个完美的教师。”教育是爱的共鸣，是心与心的呼应。爱是一种情感，更是一种催化剂，只有用爱才能温暖孩子的心灵，激发孩子的热情。时刻把爱带在身边，就一定能创造美好的明天，守望到属于我们的幸福人生。

梅某是在四年级上学期来到我班的。在与他的父母沟通时我了解到该生是一名留守儿童，成绩处于中下等水平。开学不久，我就发现该生的身上有许多陋习：作业不认真完成，上课喜欢玩东西，不自信……来告状诉苦的同学多了，我意识到这个孩子的问题很严重，决定该找他谈谈。

关爱，拉近了我们的距离

当我第一次找到梅某时，他的脸上出现了不安之色，我立刻认识到，我的表情可能有些吓人，让孩子害怕。苏霍姆林斯基说过，“教育，首先是关怀备至地、深思熟虑地、小心翼翼地触击年轻的心灵，在这里谁有细致和耐心，谁就能获得成功。”想到这里，我微笑着对他说：“别紧张，老师只是想认识认识你。”接着搬来一把椅子让他坐下，他的脸上显出怀疑的神色，或许没有想到老师会让他坐下，但他紧绷的心好像松懈了一些，表情如释重负。从他的反应中我明白一贯的责骂方法可能没有效果。于是，我抛开了他在班上所犯的过错，转而了解他的故事，询问了一些他的家庭情况，了解他过去的学校和同学等。从谈话中我了解到，该生因为长期没有家长的管教，造成了自由散漫的行为，在班上与同学不能友好相处，班上的同学都不喜欢他，老师经常严厉地批评他，经常被请家长，然后回家就是一顿打骂，恶性循环才有今天的这些行为。说到动情处，我看见了孩子眼角闪烁的泪光。针对他的情况，我给他提出建议：“因为过去你一直都有一些行为让别人对你产生偏见，只要你现在好好表现，同学们会喜欢和你交朋友的。过去的就让他过去，我不会用有色眼光看你，但我期待你有好的表现。”他重重地点了一下头，我摸摸他的头，对他说：“老师相信你！”

理智的爱，犹如一条缰绳，将悬崖之马拉回

之后的一段时间里，梅某表现都还可以，我不觉为我的教育方式暗自高兴，但是接下

来发生的一件事情让我有些措手不及。梅某伙同班上的另一个同学竟然在班上拿别人的东西被当场抓获，我认识到了问题的严重，十分生气。但赫而巴特说过，“孩子需要爱，特别是当孩子不值得爱的时候。”我努力平复了心里的怒气，认真地思索该如何在这时候给他爱。他被第二次请到了办公室，头埋得很低。我先询问了事情的经过，了解到和他一起的那个同学，是他在班上交的第一个朋友，今天的行为是因为他觉得自己很弱小，想要通过请别人吃东西拉近和同学的距离，但是自己又没有钱，只能去拿别人的钱。我首先对他交到朋友表示祝贺，接着明确告诉他行为的错误，对他进行了一番严厉的批评。告诉他弱者要变强者只有通过自己的努力来提高自己的实力，用自己的实力去征服别的同学，这样才能变强。在课堂上我还让孩子们积极发言，讨论弱者和强者之间如何转换。他是一个讲道理的孩子，在我的引导下，他的头深深地低下了。这件事情对他和同学们的影响很大。

因人施爱，让我不断发现不一样的他

“差生”并不是样样都差，多数“差生”仅是某一方面落后。教学不仅在于传授本领，更在于激励、唤醒和鼓舞。梅某各方面的表现都越来越好，虽然偶尔也会有一些小错误出现，但总得来说都朝着健康积极的方向发展。慢慢地，我还了解到他在写字方面很有天赋，何不利用书法擂台的机会让他更加焕发光彩、培养自信呢？结果在他书法获得老师同学认可的同时，他的学习也取得了进步。上课的时候能认真听老师讲课，作业也完成得较好，和初来时完全是判若两人，学习成绩随之进步，在班上有了很多的朋友。

设想一下，如果我一开始就用有色的眼光看待梅某，在班上严厉责骂他，同学如何看他？如果发现错误时只看见错误而不能发现其闪光点，只会让闪光点磨灭；如果以偏概全、全盘否定，那么只会让他的光芒永远被遮蔽。看着他的一点点进步，我为我当初的抉择庆幸。

“你是幸福的，我就是快乐的，为你付出的，再多我也值得……”一支粉笔，两袖清风，三尺讲台，四季耕耘，我用爱守望属于我的幸福。

（深圳市全海小学　俞婷）

44.用爱心描绘心灵

许多年前，当我刚毕业第一次走进中学课堂时，还是个稚气未褪的小姑娘，面对的是比自己小不了几岁的学生，当时，齐唰唰的一声“老师好！”曾喊得我脸热心跳，不知所措。至今回想起来还记忆犹新。岁月悠悠，茫茫教育路已然留下一串串脚印，回首俯视那一个个印痕，收获的是成长的喜悦，不变的依然是那份纯真的心。“您是一道靓丽的风景，高尚的人格是宽广的背景，真挚的爱心是永远的底色，丰富的学识是斑斓的色彩，非凡的创造是多姿的构图……”这是曾经我教过的一名毕业生在即将步入大学时送给我的几句话。时光的流水在永不停息地奔流着，但他们没有因分别而终止情感的“发送”，他们也没有因有了“新建文件夹”而不再光顾“历史资料”，他们更没有因一切已成为过去而将曾经的“资料”放入“回收站”……而这一切都源于爱，它成了鞭策我不断进取的动力。

来到深圳后，痴迷于福田这片教育热土，感受教育的快乐，享受学生的真情，遨游课堂的天地，品尝成功的喜悦……学会了等待与欣赏，学会了鼓励和爱，学会了带着微笑与期待去看孩子们。

曾经读过一个美丽的故事：在一个深秋的夜晚，一个女孩来到一个陌生的小镇找一位多年未见的朋友。不巧，小镇突然停电了，漆黑一片，面对生疏的地方、乌黑的夜空，女孩感到非常紧张。此时，如果遇上坏人，那可怎么办？女孩无助地走着，忽然，前面不远处，出现了一个人影，仔细一瞧，是一个中年男子，女孩的心怦怦直跳。中年男子走近，问话，并带领女孩向前走去。他们闲谈起停电，中年男子说停电对他没什么，他一直在黑暗中，他是个盲人，女孩提着的心放了下来，高兴地跟着中年男子走到了朋友家。在朋友家门前，电居然来了，女孩回过头来看看那位中年男子，灯光中她看到了一双神采奕奕的眼睛……读着故事，我不禁被那位中年男子深深地感动着：做一回盲人，使关爱的表达如此美丽。爱，需要创造。生活中有创造性地表达爱，爱会更加美丽动人。读着故事，我陷入了沉思：教育是一种爱，是一种特殊的爱，它更需要教师创造性地表达，教师何不学学那位中年男子，做一回盲人。读着故事，我想起了上学期发生在班上的一件事：又到每周班会课了，按照惯例评选出一周以来表现突出者予以班级之星的称号。中队长宣读评比要求，很快，几个孩子勇敢地举起了手，自己推荐自己……伴随孩子们脸上的阴晴变化，评比进入了尾声。这时，底下传来了一阵唏嘘声，孩子们叽叽喳喳地叫开了：“老师，老师，子丰哭了。”我循声望去，只见王子丰哭得很伤心，白净的脸上挂着串串泪珠，脏兮兮的小手在脸上抹过，留下的泪痕分外明显。不用说，想想刚才，他一次次举手自荐，一次次被同学“无情”地否定，他心里肯定很难受。子丰是一个活泼、调皮的孩子，在学校经常出点“小状况”，今天书本不见了，明天笔盒没有了，生活上自理能力也相对弱点，和同龄小朋友比较显得幼稚很多，但他仍不失为一个可爱的孩子，对老师很尊重，有同情心、热心肠等。今天这样的评比对孩子幼小的心灵打击是不是太大了？看看其他没有被评上的同学一脸的沮丧，我突然灵机一动对同学说道：“其实每个人身上都有优点，今天我们就做一个游戏‘照镜子’，请同学们找一找子丰身上的优点。”话音刚落，教室像炸开的锅一样沸腾了——一场“优点大轰炸”开始了。

“子丰虽然上课喜欢讲话，下课调皮，但是有一次他看到同学们抓到一只蜻蜓，他说蜻蜓是益虫，我们把它放了吧！说明他很善良。”

“他喜欢阅读科普书籍，知道很多课外知识。”（这点我很赞同，为此，我还在全班表扬过他。）

“子丰对同学们很友好，经常邀请同学们到他家里玩。”

“子丰懂得关心老师，给老师草珊瑚含片。”

……

一句句充满童心与爱心的话语在教室上空响起，我欣喜地看到自信的光芒再一次在子丰的眼睛里闪烁。

通过这节班会，我也做了认真反思，平常我们对于学生的评价仅定于一种标准，一个层次，没有多角度、多方位地予以肯定的评价。简简单单地否定，只能压抑孩子的个性，是标准化、统一化、机械化的“非人教育”。而稍一变通，不但会让每个孩子找到自尊，让他感到自己并不是一无是处，同时也不着痕迹地告诉了学生应带着一颗爱心去评价一个人，要努力寻找别人的优点。冰心老人也曾说过：有了爱就有了一切。当我回想起当时的情形，对这些话又有了更深刻的解读。在十几年的教学中，我一直追求“随风潜入夜，润物细无声”的教育风格，追寻着“入情才能入理，明理才能导行，要想感动别人，首先得感动自己”的原则，当我在把爱撒向班上每一位同学时，是否对类似子丰这样个案的爱要更多一点，从而培养他的自信、自尊、自我认识，用爱心去拨动他心灵的琴弦，也让他弹奏出属于他自己的动人的曲调呢？

（深圳市福强小学　郭玲）

45.怎能不爱奶奶呢

小建怎么了？以前下午上学从不迟到的他怎么连续两天迟到了？这段日子放学怎么经常见他打快餐回家呢？

我得赶紧找他问清楚。小建支支吾吾地对我说："近来……家里……中午……没大人做饭。"哦，我想这可以理解。见他躲闪的目光，我赶紧又追问了一句："以前是谁做饭呢？""是——奶奶。"小建好像不太愿意告诉我。

"那奶奶去哪了呢？"小建思考了一会回答我："她在深圳这里待不习惯，回老家去了。"

哦，原来如此。原来真是如此吗？

第二天，我抽空打电话给小建妈，告诉她孩子近来的作息不太正常，家长要好好安排。没想到她竟然说："这都怪小建，是他把奶奶气回老家去了。"我马上问起原因，她犹豫了一会说："是小建嫌弃奶奶做的饭菜不好吃。"

哦，原来如此。原来真是如此吗？

我思忖再三，有不懂事的孙子，难道有不疼孙子的奶奶吗？而且这孙子还是独苗呢。不行，我得问清楚事情的来龙去脉。这小少爷如此放肆，不要说孝顺老人，连老人"孝顺"他都不领情。在我的观念中，有妈照顾的孩子像块宝，还有奶奶疼爱的孩子那可是宝中宝。

我找到小建，领出教室，立马发问："是不是你把奶奶气回家了？"小建见我有备而来，不敢再骗我，只是低头不语。我一再追问，人家就是一声不吭，我只好领着他回教室了。

班上的同学看着我们进来，忽然我从目光中发现了一丝异样的眼神，凭着我多年的"职业病"，我知道有人要"出卖"这个同学了，我漫不经心地慢慢走近那个同学，一个眼神，一个手势，耳畔就收到了小声的内幕消息：小建不喜欢他奶奶在益田村里面捡垃圾。

哦，原来如此。原来真是如此吗？

首先，我不能去向小建求证，也不应该再去问他原因。这可是个少见的问题。我得好好想想，我竟然在脑海中找到了小建曾和他奶奶走在一起的影像，而且还记得小区里有个婆婆经常一手拎菜，一手抓着纸皮啊、塑料罐啊。对，以前一直让我纳闷的这个行为有点古怪的婆婆就是小建的奶奶。

我该怎么办呢？下次思品课正好有孝顺老人的内容要上，我必须要好好重视才行。

一想到被小建气回老家河源的奶奶，在农村过着说不出啥滋味的日子，我心里头顿时涌上了一种难受的滋味。一想到这个不珍惜老人疼爱的孩子，我就感到非常痛心。我曾经享受过奶奶26年无微不至的爱，而我却没在工作以后的日子里好好地陪着奶奶走一走、乐一乐，这种遗憾一直伴随随着我。我不能让我的学生由于年少无知而击碎了一个老人的心，我不能让我的学生本可好好享受奶奶的温暖而却被自己糟蹋了。我必须要让学生学会爱和珍惜爱。

思品课上，我把跟奶奶在一起的成长经历、心路历程非常深情地讲述出来，从孩子们的神情中，我感受到他们听懂了很多很多。接着，我让孩子们回忆家中的老人是如何爱护自己的，有些孩子可能想起了逝去的亲人，泪花模糊了双眼，甚至趴在桌面上低声哭泣。我特别关注的小建，他的眼睛也红了，他没有掩饰自己，他没有忘记奶奶对自己的好，他也是一个有正常感情的孩子。我心里在想：小建，我知道怎样帮助你了。

接着，我又让学生们谈谈回想到的难忘的情节，随着一声声感人之深的诉说，泪花在眼里打转的同学更多了。我又让同学们说说此时此刻你最想对老人说的话。一声声发自肺腑的道歉的话，一句句充满诚意的表决心的话，真情流露的言语溢满了整个教室。小建好像被教室里的气氛彻底感染了，任由泪水在眼角、在心中滑落。他一定知道自己错在哪里了。

逝去的亲人只留无尽追忆，生活中的长辈应当多加孝敬。下课了，我建议同学们回到家后要给不在身边的老人打个电话问好，哪怕说一声“我想你”也行。孩子们若有所思地回家了。

趁小建还没回到家，我赶紧致电给他妈妈，跟她汇报了学校的情况，还请她配合今晚一定要让小建打回电话给奶奶，还要他请奶奶回深圳一起生活。

小建妈连连说好，原来她多次让小建主动请奶奶回来都没成功。

当晚，我仿佛又感受到了自己奶奶的温暖，依稀中，奶奶又来到了我的梦中。

又过了两天，我突然发现，小区里又出现了一个似曾相识的身影，小建的奶奶回来了，我的世界豁然开朗。

是啊，谁不爱自己的奶奶呢?

（深圳市全海小学　张凌波）

46.真心付出，以情育人

人民教育家陶行知曾经说过，“人像树木一样，要使他们尽量长上去，不能勉强都长得一样高，应当是：立脚点上求平等，于出头处谋自由。”在15年的教育教学生涯中，每当想起这句话，不得不勾起我的回忆……

记得那一年，新学期开始了，担子似乎比以往更重了，我担任三年级的班主任，班上的人数较多。当第一天踏进教室时，我心里忐忑不安，只见教室里人头攒动，嘈杂的喧闹声似乎一直在教室的上空永不休止地回荡着……我只知道，我的心情糟糕透了。“陈老师，昨晚有很多同学讲话、越位。”“陈老师，今天上美术课，有同学越位。”“陈老师，今天又有7位同学没有交作业。”……此时此刻，我心中有一种“无能”的感觉，许多无奈、许多心痛含在里面，陷入一种痛苦的境地。尽管我竭力想改变现状，居高临下地站在讲台上，大声地说教，但班上的纪律好不了一会就打回原形。难道我就没有办法面对学生存在的问题了吗？看着一张张稚嫩的面孔，我反复思忖着。痛苦之后，我获得了什么呢？那时候的我，心中只有无辜与无奈，埋怨学生们不懂事，不理解老师的辛苦，不懂得热爱集体。学生呢，除了一脸茫然，剩下的还有放纵与紧张。是呀，在这种心理状态下，理智早已被埋怨冲淡，我越埋怨，包袱越重，精神越压抑，学生只能越来越迷茫。我该如何改进？如何改变现状？如何成长？我自问自答，但我语塞了，陷入无法适从、无计可施的僵局。

此时此刻的我，不得不深思及反省，作为一名人民教师，从我们从事教育事业的那一天起，就应该有献身教育事业的决心、勇气与信心，不仅仅是容忍儿童的弱点，更要挖掘他们的闪光点，真心付出，以情育人。于是，我决定马上调整自己的状态，努力去营造一个和谐、融洽、向上的氛围，这样才能改变班上的散乱现状。为此，我马上对班上的同学进行深入摸底、调查，并进行分类。孩子来自不同的家庭、不同的生长环境，所以要教育好孩子，必须先要了解每一个孩子。教师更需要尊重孩子的个体差异，肯定我们的孩子，帮孩子树立目标、找到自信，这也是我们教师必须要做的事情。

于是，我在那天停止了上语文课，把孩子们带到学校的球场放风筝。我按计划将班上的同学分成6组进行比赛，每一组的成员组成都是我精心策划的，将一些积极、上进的学生平均分到每一组，以便起到带动的作用。那天天气晴朗，万里无云，孩子们开心极了，就像是一群被释放的小羊，无忧无虑，甚至有几个女生还兴奋地抱在一起。写在孩子们脸上的，就是天真烂漫！而此时此刻的我，就像一个孩子，似乎也忘了自己是个老师，和孩子快乐地跑着、喊着、笑着……走得最快的总是最美好的时光，活动很快就要接近尾声了。

第一组、第五组的同学闷闷不乐，因为输了，甚至有一组的风筝还掉了下来，他们百思不得其解。这一切都在我的预测之内，我们盘腿而坐，我选了班上几个所谓的“麻烦学生”，手把着手，和他们一起做示范，演示给大家如何才能让风筝飞得高些。我乘机语重心长地和孩子们说：“风筝想飞得高，必须由拽在手上的那根线牵引着，假如没有了这根束缚它的线，风筝就会掉在地上。同学们，我们不要总想着绝对的自由，绝对的自由换来的是绝对的放纵，是绝对没有好结果的，放风筝和做人是同样的道理哦！”于是，孩子们在我的引导下，在阳光下愉快地许下承诺：开心地玩，认真地学。

许多事情总在不经意的时候发生变化，自这一次放风筝的事情后，孩子们似乎发生了很大的变化，我的心已经和孩子们走在一起，在后来的教学中也得心应手了不少。在学期末的时候，我们班还评上了文明班。孩子们喜欢跟我谈心，有一位孩子在周记上是这样写的：陈老师，谢谢您，您一直没有放弃我们，是您让我懂得了如何遵守纪律，校有校规，班有班规，您让我懂得按照规矩办事，才能使自己进步……

教无定法，贵在得法。真心付出，以情育人，教师手里操纵着幼年人的命运，在教育孩子的路上，不允许我们有半点的草率。多一份心思、多一份耐心、多一份真心、多一份恒心，才能激起孩子拼搏的持久性，才能激活孩子的斗志。

（深圳市全海小学　陈舒）

47.爱是教育的核心

我对自己说：

我不是花，我没有花的娇美。

我不是树，我没有树的刚强。

我是麦子，我属于土地，属于村野。

阳光下微风轻拂着的麦子是美丽的生命，泥土里默默孕育着新生命的麦子是高贵的生命。

二者，分明有些不同，然而，又实在并无二致。

“我若能说万人的方言，并天使的话语，却没有爱，我就成了鸣的锣、响的钹一般。我若有先知讲道之能，也明白各样的奥秘、各样的知识，而且有全备的信念，叫我能够移山，却没有爱，我就算不得什么。我若将所有的赈济穷人，又舍己身叫人焚烧，却没有爱，仍然与我无益。”（《哥林多前书》）

“如果你无法以爱心而只用憎恶来工作，你最好放下你的工作，坐在庙门口，让那些以欢喜之心工作的人来救济你。如果你以漠不关心来烘制面包，你烘出了苦涩的面包，却无法喂饱饥饿的人。如果你吝惜几滴葡萄汁，你的吝惜便把毒药渗入了酒中。如果你像天使般歌唱，却不是发自内心地喜爱歌唱，你就是蒙住了世人的耳朵，让他们听不到白天的乐音，也听不到夜晚的乐音。”（纪伯伦《论劳作》）

这两段话，是我从事教育工作的座右铭。

教育是“天”职而非“世”职，爱是教育真正有价值的核心。

自 1989 年参加工作以来，我一直在努力实践上面的话。

十八年来，我一直担任两个班的语文教学，并兼任一个班的班主任（十八年当中只有两年没做班主任），教书育人齐头并进。为了孩子们能够成人成才，我尽心尽力、尽情尽意。

我清楚地记得曾经有两个失去了母亲的孩子，在他们过生日的时候（巧合的是他俩的生日就一天之隔），我给他们各买了一件 T 恤，孩子洋溢着幸福的脸，我至今记忆犹新。如果你认为我在付出，我宁可说我在得到：孩子的幸福感犹如水之涟漪，一圈一圈地漾开，直至触到我内心深处最纤细的水草，令我的心底也有了春的生机。

我也清楚地记得一位家长，在我执行学校收费的过程中，他向我索取发票，可是我必须把全部的费用交齐了才可能向财务室索取发票。也许家境确实艰难，也许习惯了心存戒备，这位家长对交到我手中的钱只换来一个姓名的记录而倍感悬心，于是我写给他一张便条作为收据，谁知他当面撕毁，并忿忿言：“这种纸条能有什么用？”我细心地给他解释，等他离开后，又找来笤帚打扫那一地的纸屑。

事情到后来发生了戏剧性的变化：这位家长在某一个我已记不清的节日给我送来了一大提篮的鸭蛋（万般推辞未果，只好与姐妹们和邻居快乐分享）。而后来我才知道，他家刚刚遭遇一场变故。事实上我的猜想没错，他的家境确实艰难。1995年的故事，不知道在物质上什么也不缺的今天看来还有多大的“含金量”，然而，每每想起，我总会觉得岁月如此美丽。

（深圳市盐田高级中学　熊芳芳）

48.爱的回报

儿子要去省城做第二次手术，我们刚要动身，孩子们全来了。他们含着泪，依依不舍地望着我。他们对我说："熊老师，您放心吧。您不在家，我们会更努力的，不信，就请看我们期中考试的成绩吧！"话刚说完，班长突然塞给我一个纸包，大家就全都飞快地跑开了。打开一看，是一叠五毛、一块、两块凑起来的钱，还有一张字条，上面写着："熊老师，请不要拒绝，您总是在为我们付出，让我们也有机会为您做点什么吧！我们会每天盼望您的归来，我们会每天祝福小天天，愿他手术顺利，早日康复！"

看着字条，我的眼泪夺眶而出。这是孩子们从牙缝里省出来的钱啊！

我知道我应该收下，我理解孩子们的心。二十天后，我用这笔钱买了礼物给孩子们带了回来。

没想到，孩子们送给我的礼物更加美妙动人！在我离开的这段日子里，班干部把班级管理得井井有条，语文课代表们（我在班上成立了一个语文课代表小组）轮流做着我在"家里"时每天都要做的方方面面的事情：讲授新课，批改日记，评讲作文，组织测验。他们学着老师编试题，用钢板刻试卷，请人油印（如果你是80年代参加工作的，你一定还记得那时是怎么刻印试卷的：钢板、蜡纸、黑乎乎的油墨……），和老师一样阅卷，公布成绩，表扬成绩优秀的和每一个有进步的同学。

等到二十天后我从省城回来，正赶上期中考试。我没来得及给他们做任何事情，然而孩子们实践了自己的诺言，期中考试仍然和以前一样，考了全年级第一！

我们班那个课代表的领队，一个质朴颖悟的女孩，一个乐观上进的女孩，一个心清如水的女孩，她带领着大家在我们共同的道路上努力奔跑。等到从母校毕业之后，她和她的母亲一起来到我的家里，给我带来了好大一桶麻油！她说，在学校读书的时候不想送东西给我，怕别人说她在讨好老师，现在毕业了，她可以自由地表达她的感情了。

我知道我得到了世间最美的东西，我再三地拒绝也无济于事。在那样的年代，我知道那对我意味着什么，我知道它的重量与温度。

（深圳市盐田高级中学　熊芳芳）

49.爱是走进学生最近的路

永远记得，那个曾经被老师们判定“绝对永远不可造就”的“最坏的学生”，他告诉我，在他被任命为班长的当天晚上，他对他父亲说“从今天开始，我要做一个好人”的时候，他父亲含在嘴里的烟突然掉到了地上。

永远记得，那个爱画画的女孩，总爱缠着我说话。她说：“老师，你知道吗，你来到我们身边，我们感觉这个集体就好像有了一盏灯，暖暖的，亮亮的，好舒服！”

一个被父母遗弃又被人领养的孩子患重病需要大笔手术治疗费用，我一次就捐出了500元（1999年的我，月薪也才690元呢）；一个郊区的小女孩，父母都是残疾人，交不起学费，我两次资助，也捐出了500元（那时我的月薪涨到800多元啦）。尽管刚参加工作时我的月工资才300多元，我也常常为那些贫困学生捐助学费、捐献衣物。为了走访和帮助一个流失的学生，我冒着风雪在泥泞的小路上长途跋涉三十余里；下雨了，孩子们都没带伞，我从家里拿来几把伞，与一位同学一起来来去去为全班同学撑起一方晴空，于是在雨中，从教室到寝室，形成了一道美丽的风景……后来我又每月定期捐钱给江诗信爱心助学中心，帮助失学儿童，这些儿童从遥远的山村给我寄来照片和问候的信件，我也给他们回信。不过，后来随着他们升学等生活变化，也就渐渐中断了联系，而半年前，也不幸获悉江诗信老人去世的讯息。

在苏州新区一中，我教的是新疆内高班。班里大部分孩子家境十分困难，但学习很刻苦。为了鼓励他们，我在班上设立了雅歌奖学金和雅歌文学奖金，每次月考结束都会进行奖励。全班总分第一名、少数民族学生总分第一名、进步最快的一名同学，分别能够获得50元的雅歌奖学金。而只要他们的作文在校级及以上刊物发表，都能够获得雅歌文学奖金。在校报上发表的，可获得20元奖金，在省级以上刊物公开发表的，可获得30元奖金，在各级作文竞赛获奖的也可获得雅歌文学奖金。至今已有20余人次获得雅歌文学奖金。这一批学生去年从新疆来到苏州新区一中读预科，今年上高一。仅仅一年的时间，我的学生在省级、国家级刊物已经发表10余篇作文。他们享受着三重喜悦：看着自己的文字变成铅字，享受这种创作的成就感；收获杂志社寄来的稿费；获得我颁发的雅歌文学奖金。

内高班是一个特殊的群体，他们肩负国家的期望，是民族团结的纽带。把他们培养成国家的栋梁，对民族、对国家、对社会都有着重大意义。但他们来自西域，生活习惯、思想观念、个性特征、宗教信仰、学习基础等各方面都有其特殊性。他们远离父母，成长期间有很多问题无法正常跟亲人交流，这样，教师尤其是班主任的责任就显得尤为重大。孩子们生病了，我常常陪他们在医院输液直到半夜，并且自己掏钱给他们买吃的，看到孩子在病中见到我买来的肯德基、蛋糕、水果、牛奶而能够勾起食欲，我便感到十分的满足与自豪。他们过生日了，如果我记得的话，也会送给他们一份小小的礼物，我希望他们能够知道，世界因为有了他们而变得多么美好。朋友送我 15 斤阳澄湖大闸蟹，我分几锅把它们全都蒸好了，并买来各种调料分别送到五间宿舍（我自己一只也没有吃），孩子们兴奋地说他们这是第一次吃螃蟹！中秋节，我给他们买来面包、火腿肠和 10 元一斤的杨桃（装了两大袋），有些孩子说杨桃只在电视上看到过。元宵夜，我给他们做米酒桂花汤圆，孩子们在教室里一边上晚自习一边静静地传递着甜甜的气息。春节，我要回老家看望父母，不能陪孩子们过年了，临走的时候，我买了将近 200 元的苏州美食留给孩子们，希望我不在的时候，能够同样让他们感受到温情。

他们在来内地之前都是当地学校的精英、老师的宠儿，这样一群人集中到一起，谁也不服谁，他们个性要强，自加压力，学得很辛苦，甚至活得很辛苦，而这又常导致一些心理问题。他们烦恼了，我就帮他们轻轻打开心结。我想办法帮他们排解，帮助他们建立各种形式的共同体，促进集体的融合，寻找心灵的阳光。

我们有自己作词作曲的班歌，我们有自己的乐队，我们唱着歌，向阳光奔跑。

向着阳光奔跑

作词　马雅超　缪雨霖　作曲　艾萨江

雨下过的天空
指尖划过阳光
如果有一天可以一个人流浪
唱着最喜爱的歌
带着暖暖的笑
就想去最遥远的地方

不管大风大浪
我们有自己的方向
不管天涯海角
终点就在前方

风吹过的大地
背起我们的行囊
如果成长是件苦痛的奇迹
牵着最喜爱的人
怀着甜甜的梦
就想要最勇敢的步伐

不管大风大浪
怀着最初的希望
不管天涯海角
向着阳光奔跑

我们有自己的班训：

雄心、慧心、好奇心；
信心、爱心、同理心；
专心、热心、责任心；
恒心、耐心、平常心。

我们倡导如火的青春年华。为了理想，我们需要点燃希望的火种，燃烧我们的岁月，照亮我们的天空。

我们有“理想实现同盟”的社团组织，班级管理是双权分立：班委会立法监督评估+团队主管责任制。全班分为四个团队，各团队都各有主管，有属于自己的团训。每个人都像是一滴水，而一个团队就是一条河，我们的目标是汇入大海，寻找更为广阔的天地。我们曾经在全校开过一次主题班会观摩课，题目就叫“一滴水和一条河”：我们只是一滴水，却能折射太阳的光辉；我们汇成一条河，便会奔流到海不复回。

我们组织过多次社会实践，参与社会，体验生活，经历劳动，省察人生。学生在活动中体会到生命的珍贵、生活的美好，懂得了感恩与珍惜。在敬老院，他们为老人们干活，陪老人们聊天，带老人们出去走动，在那里，他们学会了付出爱心；在社区演出，服务人群，他们体尝到了奉献自己智慧、才能和力量的快乐；与专家学者交流，他们懂得了实现人生价值、完成超越、达到卓越的幸福……

高中生年轻气盛，有的攻击性倾向明显，容易冲动（尤其是新疆孩子，个性非常要强）；有些性格相对柔弱的学生在强者面前受到压抑而变得孤僻退让。面对种种问题，我都由表及里认清实质，努力寻找一种恰当的措施予以解决。我不想把他们限制在一种形式的规则之内，所以我一直努力帮助他们把一切美好的东西内化。

马克·吐温说："一句好听的赞辞能使我不吃不喝活三个月。"因此，我始终坚持一件事：用真诚的心去发现和欣赏每一个学生智慧和心灵的闪光，鼓励每一种个性风格顺其自然地成长和发展，和他们一起体验学习着、行走着的幸福。

班主任不仅要学会跟学生沟通，也要帮助学生学会跟他们的同龄人、父母和师长进行沟通。我们曾经专门做过一期关于宿舍生活的黑板报，五个宿舍的学生用各种别具匠心的方式向我们展示了他们和谐相处、温馨如家的寄宿生活。

我还曾经把一个孩子的两封家书打印出来，让大家一起阅读：可怜天下父母心的真情流露让每个孩子流下眼泪，我们一起感受，一起讨论，彼此鼓励斗志，互相提醒幸福，从心底激发大家奋斗的力量，增强责任感和使命感。两封家书，让每个孩子都感觉到像是自己的父母在对自己说话。家的感觉，一遍一遍地温习，一天一天地长大。

（深圳市盐田高级中学　熊芳芳）

50.帮助每一个学生去走自己的路

我班上有一位同学，英语超级棒，初中毕业就能顺利地阅读纯英文的报刊，而且去年还翻译了一本成功学的书籍（不知有没有做完），还经常阅读经济学、社会学的书籍，是个“怪才”。

对不起，关于他，我又得扯出一段文字啦！

下面是他参加评选校十佳学生时我给他写的一段评语：

一个来自新疆农五师八十九团的男孩，一个热爱生命、热爱学习、热爱生活的男孩。英语是他的阳光，音乐是他的呼吸，文学是他的生命，奋进是他的灵魂。

时不时拿着抹布擦擦玻璃、擦擦讲桌的是他，如果苏州的天空没有太阳，他甚至愿意为我们去擦亮星星；天未亮走出温暖的被窝和温馨的梦乡的是他，如果黎明没有书声，他愿意用并不优美的声音为青春歌唱。

埋头在书籍的国度里，他是自己的国王；抬头在知识的航船中，他是自己的船长。

不屑于装饰自己的外表，却不懈于武装自己的头脑；每一粒粮食在他面前都不得不慷慨就义，每一位同学在青黄不接时都有可能得到他的慷慨解囊。

他是长跑健将，他有属于他自己的跑道。塑胶跑道上的他一行汗水一行诗，生命跑道上的他一路荆棘一路歌。

他的英文阅读水平为同龄人所叹服，但他懂得，“一枝独放不是春”，他将自己的杂志拿出来资源共享，不定期地给同学们讲解英语格言，并随时帮助同学解答难题；他在期中期末考试中两次独占鳌头，以整个预科年级第一名的成绩荣获一等奖学金。但他懂得，“天道酬勤”，每一个终点都只是一个新的起点。

他有鹰的心，有鹏的翼，有海的襟怀，有山的重量。

他渴望用自己一生的行动来定义青春，定义生命。

他得票很高，选上了。

不过在此之前，他可是学校差一点就要退回新疆的学生。因为新疆班管理处领导发现他有点“不正常”，时常发出奇怪的叫声，做出夸张的举动。他们认为他精神方面有些问题，趁着刚进校早点退回去为好，免得将来出什么事学校担当不起。

可是我真的很欣赏这个孩子的资质，很喜欢他纯良的心地。从我的评语你一定可以感觉到，是吗？

于是我向新疆班管理处的领导保证：我不会让他出问题。

于是，他被允许留下。

他很争气。他带动了一批人去追求自己的“完美生活”。他们定期聚会，彼此交流鼓励，制定目标，拟定行动计划……他生活得生龙活虎。

然而前一段时间，他突然变得痛苦沉沦。我一开口问他，他便在办公室当众哭出声来。

后来，我把我们班的电视台台长和心理诊所所长（嗯，再插个话：我们班有心理诊所、电视台、学术研究中心、文学社、班级图书柜）请了来，让她俩在征得他个人的同意之后，为他安排一次对话节目。

在节目中，一切问题变得明朗。他真实地倾吐他的痛苦，他觉得周围的人都不能接纳他。然而我们在对话当中发现，他情绪最重要的转折点其实只在于座位的变换。他原来的同桌是一个女孩，他说她是一个很好的心理咨询师。他俩分开坐之后，他遇到什么障碍就没人能够随时倾听了。而且她很懂得发现并欣赏他的优点，同时对他的缺点能够包容或不予理睬。而他之所以主动要求换座位是由于感觉自己近期学习状态不佳而不愿影响她，谁知换过之后又感到像离开了池水的鱼。

主持人把问题抛向女孩：“你有什么话要对他说吗？”女孩真诚地缓缓地却又清清楚楚地说：“我原来就不主张你搬开，现在，我希望你回来。”

全体同学报以热烈的掌声，我也是。

因为我们看到当女孩说出这句话的时候，男孩脸上绝望的冰块在瞬间融化！他是个单纯的孩子，心情写在脸上。

我安顿好自己的心态：不要把这种纯洁美好的情谊定位为早恋。

我用赞美的口吻告诉孩子们：人与人之间需要关爱、欣赏、鼓励和包容。我用平静的声音调控我起伏的感情（我真的被女孩的纯真感动了），希望每个人都不要因为过度的敏感而让事情复杂化。

我们需要单纯的情感，如同需要干净的空气一样。它会给我们自由和快乐、力量和信心。足足两节课的时间，终于把痛苦迷失的小栓救了回来。节目中出现许多感人的细节，也包含了很多值得思考的问题。

看到小栓又变回了原来那个斗志昂扬的、阳光灿烂的小栓，我心里满是安慰！之前他在班级日志上写了一篇《最后的诀别书》，他真的是要崩溃了。我们不是想要改变人，而是想要帮助每一个人去走自己的路。

（深圳市盐田高级中学　熊芳芳）

51.学生在学会关心中成长

我们班年龄最小的一个男孩，在去年的冬天，失去了他的父亲。他父亲有着短暂却伟大的一生。人到中年的他，因为拼命三郎一样为单位赶一项工作而导致视网膜脱落，像海伦·凯勒一样再也无法见到光明。顽强的他很快学会了盲人推拿，开了诊所，并带着盲校的一批同学创业。他免收贫弱者的医疗费，帮助他所遇到的困苦人，然而命运偏偏不肯放手，好不容易在黑暗中摸索成为当地著名骨科医生的他又罹患癌症。去年冬天，他即将离开人世的时候，孩子的母亲打电话给我，想要让孩子回去跟父亲见最后一面。

接到这个电话的时候，我正好带着 20 多个同学在枫桥敬老院做社会实践，这个男孩也在其中。我和这位母亲一起编织了一个美丽的谎言：“孩子，美国的一位远房亲戚回国了，无论如何要见见你。回去吧，孩子，别担心学习，回来了老师再给你补。”孩子将信将疑：“我们家在美国好像没亲戚……而且新疆来回一趟就得一个星期，母亲怎么会轻率地做出这种决定？”我带着犯罪感，小心隐藏我的表情：“没错，你妈妈就是这样说的。可能这位亲戚比较疏远，不常联系，就没怎么对你提起。”

我马上决定带大家先去敬老院旁边的陇枫餐馆吃一顿午餐，然后回学校去。在大家兴高采烈地说“老师请客，那些没来的人要后悔啦”的时候，在那个男孩糊里糊涂跟着大家吃得津津有味的时候，我已经暗暗做好了一切准备：向领导请假，打听了火车的时刻，给他母亲回信。等大家吃完饭，我们便租车回校。我先带着这个男孩去买火车上要吃的东西，又陪他去理发，然后带他去火车站。他妈妈交代买坐票，可能觉得卧铺太贵。然而，当天的火车只有卧铺，我已经不记得是软卧还是硬卧了，时间似乎过去很久了，我只记得那张票花了我将近 600 元。这钱我替他出了，后来一直就没要他母亲还。

男孩离开之前，同学们全都羡慕地对他喊：“哇！小胖！你可以回家啦！你小子太幸福了！回来记得给我们带新疆的小吃啊！”等我把男孩送上火车，回到班里，才告诉他们整件事情的原委。

教室里一下子沉静下来。

我说我们为小胖祈祷，为他爸爸祈祷。

随着年龄成长，我们会渐渐发觉，面对世上的好多事情，我们能够做的似乎只有祈祷。

后来我们班的德育老师告诉我，有一次在她的课上，她让同学们用塑料吸管做自己设计的模型，来表达自己的愿望。结果她发现一个小组的同学做了一个十字架模型，而且全体静默在那个模型面前。她问他们这是什么意思，他们告诉她：小胖回家了，去看他爸爸了，我们在等他回来，也祈祷他爸爸平安。

小胖的妈妈带着哭腔打电话叫小胖回去的时候说他爸爸已经不行了，就想见最后一面，然而小胖在家里待了将近一个月，爸爸又似乎实在不忍心在儿子的眼前离开，微弱得像风中的残烛一样的生命一直努力地延续，延续……可怜的妈妈担心儿子落下功课，千里迢迢地把儿子唤回来又不得不忍下心催儿子返校。

小胖返校的消息在大家引颈翘盼的日子里轻轻传来，那时已经快要到元旦了。我在蛋糕店里花 260 元定做了一个三层的蛋糕，大家在黑板上写了极有温度的八个大字："我们爱你！超人归来！"

孩子返校后没几天，爸爸就撑不住离去了。爸爸离世前留给儿子一封信。

孩子好长时间得不到爸爸的消息，妈妈总骗他说爸爸累了，需要休息，不能跟你通话，你安心学习就是了。

直到春节，这位坚强的母亲才托我小心地告诉他。

那段日子我感觉教室里特别温暖，每个人都似乎长大了许多。悲苦的命运在自己身边演绎的时候，我们总能更加理解幸运，也总能更加懂得关怀。

（深圳市盐田高级中学　熊芳芳）

52.为才能开路

任何一种教育，如果不能让学生感受到快乐和成就感，这种教育就不能算作成功的教育。黑格尔说，拿破仑是一个“马背上的世界灵魂”，这位行动的巨人是靠什么纵横欧洲、威震世界的呢？歌德非常赞赏拿破仑的用人政策，他说：“只有本身具有伟大才能的君主，才能识别和重视他的臣民中具有伟大才能的人。”“为才能开路！”这是拿破仑的名言。

我所追求的，我正在努力的，就是“为才能开路”。

我的学生都有自己为自己编写的座右铭，略举几例如下：

幸福的人从不忘记别人给过他什么。

——马雅超

青春是上帝赋予你的，不是给你来挥霍，而是让你来奉献的。

——马云霞

生活不是为了见证黑暗，而是为了寻找美好。

——曹晓晴

静坐常思己过，闲谈莫论他非。

——徐文文

昨天，一张过时的钞票；明天，一张不通用的信用卡；只有今天，才是通行的现金。

——马欢

当我们谦虚的时候，是把自己放在了别人的后面；当我们自卑的时候，是把自己放在了自己的后面。

——刘衍霞

不要让空闲的时间变成空白的时间。

——李伟

别只顾盯着前方，也别只忙着留意脚下。

——魏苗

像麦穗一样，越是饱满，越是低下头来。

——王晓娟

历史的潮流会湮没一切，但是历史也会见证：我们是时代的弄潮儿。

—王帅

忘忧，忘荣，忘我，心无阻；知己，知止，知足，终有路。

——马亮

（深圳市盐田高级中学　熊芳芳）

53.吻的承诺

与阳阳相遇

清楚地记得，那是2010年的9月，我刚接手了一个新班，一个腼腆可爱的小女孩走进了我的世界。

认识她，并不是因为她有优异的成绩，也不是因为她长得与众不同，而是因为她那甜甜的一笑，更是因为她悄悄地吻了我一下，就咯咯笑着跑开了。面对那么多同学她的毫不掩饰反而让我有点不好意思，第一次见面这样的待遇让我觉得有点意外，但从此我率先记住了她的名字。

这么可爱的一个女孩在我的心里应该是一个很让老师省心的孩子，但第二天她的作业就交了一个空本子。通过了解得知，她以前的作业很难按时交，考试也很困难，每次她都是全年级唯一一个不及格的，我几乎不能把这个结果和眼前这个女孩划上等号，我不愿相信这个事实。

拿着她的本子走进教室，还没等我叫她，她就满脸笑容地跑过来，抱着我亲了一下就跑开了，旁边的男同学发出讥笑的声音：切、切，讨好！可是阳阳似乎并没有管那么多，只是远远地望着，咯咯地笑着。我也冲她微微一笑。

后来叮嘱她把作业补上，她满口答应，但下午放学后，还没等我到教室，她早已不知去向。接下来的几天，她依然没有交过作业，课堂上也从来不发言，一看她就会把头低下，但她还是每天会来吻我一下。

吻之缘由

面对这种与我接近的特殊方式，我甚是不解。联系了北师大心理学博士琚晓燕老师，她说：这个孩子从小没有和妈妈建立起安全的依恋关系，在她内心深处，总认为自己是不值得被爱的，别人是值得爱的，而通过和对她有点欣赏的人建立亲密关系，能消除自己的不安全感，也建立自己的自尊。琚老师还建议我上网搜索"依恋理论"，在资料中发现，这个孩子在家中得不到她需要的爱，期望通过与我的肌肤接触建立与我的亲密关系，她的这种亲吻除了表达对我的喜欢外，更多的是期待得到我对她的认可。

是什么样的原因让孩子的自我评价低，需要借助这样的方式进行表达呢？走进她的家庭，才知道她有一对小她两岁的双胞胎弟弟，爸爸妈妈把两个弟弟视为掌上明珠，总是表扬弟弟听话、乖巧，不用操心。一提起阳阳妈妈直摇头："她就是不让家长省心，懒得要死，做什么都不行，一说让她赶快写作业，她就大叫'你们别逼我呀，再逼我，我就跳楼！'谁还敢管她呀，随她去吧！气死了，我是管不了了。她只听老师的话，老师你就管管吧！"说起阳阳的亲吻，她妈妈叹了口气，说有了两个弟弟后，心思全在弟弟身上，顾不上管她，她也越来越不听话，哪还想吻她呀？

吻之交换

面对她妈妈的绝望、逃避与推卸责任，我感到从未有过的压力，看来改变这个孩子不要期望她家长的配合，只能从自己开始了。在这个缺少关注与温暖的孩子身上，我怎样去挑起这副沉甸甸的爱的担子呢？但我相信，终于有一天，她也能展示自己优秀的一面。

接下来的一个星期，我格外关注这个孩子，对她的作业降低要求，并且数量减少，开始鼓励她按照新标准完成；完成后每天不用交给科代表，直接交到我的手中，当她的作业合格后就可以像往常一样吻我一下。前三天，她都完成了，尽管字写得基本上看不清，但明显看出，她在努力。心理上的定势让我觉得她这样已经有了很大的进步，我应该知足。

那一段时间我一直在表扬她能按时交作业，我还会把她读书笔记中好的句子划出来，读给大家听，大家也觉得她在进步。她每天也都会如期吻我一下，渐渐地，我把这个情形当成了一种习惯。

但不知道什么时候，她的作业又不能按时完成了，哪怕是简单的一两行，我从开始的鼓励她不见成效到批评她，可是依旧没有什么效果，我开始对她生气，有一天我忽然发现她不再吻我了。接下来的几次考试她的确没有及格过，我找过她，不管是循循善诱还是婉言相劝，对于她来说都没什么作用，我开始怀疑自己最初的想法，我也开始相信并不是所有的学生都是可以教好的。

吻之拒绝

一天早上上学，她和同学说说笑笑走来，看到我，她往我身边跑过来，亲了我一下，站在我身边，似乎在等待着什么，我突然觉得有点不自在的感觉，转过身匆匆离开了。背后留下了一个失落的孩子，我无法表达那一刻自己的心情。

从那以后我开始拒绝她再来吻我，每次她总是远远地望着。我忽然觉得对于她来说可能这样做很残酷。

很快复习阶段到了，她的各个方面都一塌糊涂，整个人也变得萎靡不振，在她的各科成绩史上几乎不知道什么是及格，并常常接到其他科任老师的投诉。

爱之反思

苦恼之际，她那天的失落再次浮现在我的脑海，我突然觉得自己是那样残酷。一直期待给予这个孩子爱，可是我把这个孩子的吻作为了交换条件，用接受她的吻来换取她的作业，当她不能达到要求，便拒绝她来吻我，仔细想想，这哪里是爱呀，表面上看似是爱，可这没有温度的爱对孩子来说简直是一种无形的枷锁。我对她的吻的漠视，更让她稍微温暖的心再次掉进了冰窖。她之所以破罐破摔，是因为她觉得，她唯一可以信任的人也不再爱她了，当刚刚筑起的爱的大厦在她心中轰然倒塌时，她再也无法承受这样的结局。恍然之间，我明白了，原来错爱、不是发自心底的爱对她的伤害更大。怎样才能重拾她的信任，真正走进她的内心呢？

吻之承诺

我再次找来了阳阳，每天放学把她留下来，把当天要做的作业陪她写了再回去。作业中最困难的莫过于背诵，只要有背诵的作业，她就摇头告诉我，她真的背不下来，无论我怎么鼓励，她都不肯尝试，哪怕是几句简单的古诗。为了打消她的畏惧心理，我说她的作业由背诵改为读五遍。她欣然同意，当她读完后，我请她在我背诵时给我做提示，从开始的一个词，到提示一句，到两句，就这样，十分钟下来，当她在我的“圈套”中背下整首诗的时候，她简直不敢相信这是真的。在她完整背诵时我悄悄录了音，当她听到自己的背诵录音时，她高兴地跳了起来，抱着我使劲亲了两下，第一次见到她如此开心。

她脸上的笑容渐渐多了。那天放学写完作业她走出了教室又跑回来，吻了我一下，我微微一笑，轻轻地拍了拍她的肩膀，她幸福地跑走了。哦，吻完后我的微笑与抚摸会让她如此幸福与满足，我在想，是不是在她看来我的笑就代表是对她的认可与喜欢呢？

陪她在学校完成家庭作业那段时间，每天都很晚才回去。有一次都跟她说了再见，她又跑回来，吞吞吐吐地说：老师，我可不可以去你家吃饭？呵呵，这我还真没想过，但我怕她失望，马上说：告诉老师你最喜欢吃什么？她说最喜欢板栗烧鸭。我说今天老师请你到外面吃，改天再做给你吃。呵呵，其实这道菜我也很喜欢吃，但一直没做过。那天我们边吃边聊，第一次觉得不在学校的时候她会如此放松。

周末，我把自己的小家收拾了一番，正式邀请她到我的家里做客，面对我精致而温馨的小家，她说要是自己也能有这样一个独立的空间该多好啊！这样弟弟就不会打扰她，妈妈也不会烦她啦！她看了我拍的照片，一直问：老师，这真的是你拍的吗？我跟她讲了很多的外出摄影的故事，她除了赞美更多的是敬佩，还问我能不能给她拍些照片。她还跟我聊了她喜欢班里的一位男生，总是想跟她坐在一起……突然我觉得她是那么健谈，甚至找不到一点她在学校那不自信的影子。

下午，我带她到荔香公园拍照，她开心地跑来跑去，不停地摆着各种姿势。我还和她一起为她家的洋娃娃拍“摄影故事”，把自己当成宝贝一样的单反拿给她来拍，手把手地教她。

她的家长发信息给我，说阳阳近来像变了个人，作业也会主动写一些了。问她原因，她说她崇拜李老师，李老师的话她都愿意听。

呵呵，这条信息及阳阳的变化深深激励着我，她的作业及课堂发言都有了起色，但显然面对越来越近的期末考试，她还是极不自信，并且她已经认为自己考不好是很正常的事，她根本就不可能考及格。

为此我又和她有个悄悄的约定：如果这次考试能过 60 分，她就可以亲我一下；考 70 分，我还可以再亲她一下；如果考 80 分，哈哈，怎么亲呢，就听她的。

你别说，这一招还真的管用，她更加用心了，每天都会主动把作业拿给我看，凡是要求背的，我都会和她一起背，也不断鼓励她。她似乎对自己又多了一份信心。

考试前，我还专门找到她，把我的承诺说了一遍，问她是否有信心，她紧紧地拉着我的手，一句话都没说，只是使劲点了点头。

当得知她考了 69 分，我当即打电话给她，迫不及待和她分享自己的快乐。五年级下学期，她考了 75 分；年前的期末考，她考了 88 分。当我把这个好消息告诉她时，她说，如果再用点心，考 90 分是没有问题的。

在上周的升旗仪式上，她做主持，为了这次主持，我和她整整准备了一周的时间，不停地给她鼓劲。当她站在台上，我紧张得手心里全是汗，唯恐出现什么差错。没想到整个过程异常顺畅，比我预想的好多了。升旗仪式一结束，我抢先跑到台上，给了她一个甜甜的吻和一个大大的拥抱，好久好久没有松开，当着那么多同学的面，倒是她羞红了脸，我分明看到她眼中那莹莹的泪光……

一个承诺，一个与众不同的吻的承诺，在悄悄改变着这个爱吻的孩子，也给我留下了深深的思考。但我觉得这才刚刚是个开始，如何改变她妈妈对孩子的看法，如何让孩子持之以恒地坚持下去，对自己充满信心，这也许是条漫长的路，但为了这个吻的承诺，我愿继续前行……

（深圳市南山实验教育集团南头小学　李莉霞）

54.用真爱接触心灵

“杨老师，五班的同学又来我们班找小瑞了，你快去看看。”下课时，我刚在办公室坐下，我们班那群女生就叽叽喳喳地来汇报班级最新状况了。

“是昨天那些人吗？怎么今天又来了？”我一边走向班级，一边纳闷。

昨天五班的孩子就来我这投诉，说小瑞中午在他们班午休时将口水吐在桌上，恶心得很。这些小朋友，似懂非懂的年纪，对这种吐口水的事可在乎了，我昨天还特意把小瑞叫到我办公室和颜悦色地告诉他，把口水吐在人家桌上是很不讲卫生的行为，那样别人会很难受，他也说知道了。这孩子，昨天还答应得好好的，怎么今天又明知故犯了呢？

我到班级把围观的人群疏散，然后把小瑞带到我办公室开始仔细问他，你为什么要把口水吐到别人桌上呢？

“我没有呀？”

“那别人为什么投诉你呢？”

“我也不知道呀！”小瑞一面的懵懂。

我以为他怕，不敢承认，又仔细问他，结果他仍然坚持他绝对没有把口水吐在别人桌上。小瑞看到我一直怀疑地问他，眼圈都红了，委屈得马上要掉下眼泪来。

我纳闷地看着他，觉得小瑞的样子实在不像是在撒谎，可别的班的同学为什么一而再地来投诉他呢？

其实这个小瑞从我接这个班至今，一直就问题重重。想当初，我刚接这个班的时候，小瑞的样子还历历在目。他圆头大脑的，身体结实，跟你说话时，大眼睛一闪一闪的，可讨人喜欢了，人也很聪明，还有一个“钢琴王子”的美称，成绩中等，自尊心很强，从不故意攻击人。按道理这样的孩子在班级是挺受人欢迎的，但是我刚接班那阵，每天被人投诉最多的人就是他。为什么呢？

他个头高，坐在最后一排，那本是一条重要的通道，但是大家每天经过他的座位时必须绕道走，因为他座位周围地上的好几块瓷砖都变成了小瑞的仓库，笔呀、本子呀、书本呀，随地可见，一旦要用的时候，又什么都找不着了。据了解，从三年级至今，周围的小朋友最多的一个已经借给他 17 支笔了，而且都是有去无回。班里的图书谁借都是原样还回来，只有小瑞，只要书在他那待几天，幸运的话，那书还能保持腌菜干样子，不幸的话，就是被肢解了，变成几部分。后来我就请来他的家长了解情况。

原来小瑞小时候身体不是很好，爷爷奶奶非常宠爱他，一直在家带到四岁多才送到幼儿园，直接就按年龄上了中班，错过了非常重要的培养生活习惯的小班，从小在班级里都是最不懂事的那个。因为孩子年龄小，家长也没引起重视，一直到上小学了，孩子生活习惯问题引发了很多人际交往上的问题，当家长意识到问题的严重性时，已经固习难除了。

我当时在了解了这些情况后，就有的放矢地采取了一些措施，如给他准备了一个笔袋，让他每天都装上好几支笔备用；把他的座位稍微调前了两个位置，这样四面八方都有邻居，他的东西也不好再到处乱扔，掉到地上时，前后左右的同学也方便随时帮助他捡起来；每天带一包纸巾，揩鼻涕时不能老是用手；上厕所时，一定要站到位后才开始尿，不能图方便还在门口就开始尿起来……

其实说实话，老师都喜欢乖巧的孩子，因为他们省心。面对每天麻烦不断的孩子，心里多多少少是有些郁闷的。但是我想，对每一个老师来讲，你的学生可能在你的班级里是五十分之一，但对每一个家庭来讲，这个孩子就是百分之百！就是父母的全部！我感觉到了作为老师的责任，所以一定要发自内心地去关爱每一个孩子。

在老师和家长的关爱下，经过一段时间的努力，小瑞的卫生习惯有了一些好转，同学们的投诉少了一些。可是这两天投诉又不断了：他为什么又会接连把口水吐到别人桌上呢？难道之前因为他不讲卫生而让同学疏远的事情又忘记了吗？现在好不容易有点起色，怎么又这样了呢？

看样子，从他这是打不开缺口了，解铃还须系铃人，我决定把五班的孩子叫来问问。结果五班的孩子说，他就是这样吐口水的，一边说一边模仿小瑞中午吃鸡腿的样子，边吃边吐骨头，口水四溅，桌上、本子上、书包上都有，昨天吃酱骨架也是这样。

原来如此，难怪小瑞他压根都没意识到自己什么时候吐口水了。我顿时明白了小瑞的委屈，他自己觉得并没有做什么，但同学们却不相信他，把他告到老师这，他觉得特委屈。我想起了前一段时间看到的一句话：请你任何时候都不要忘记，你面对的是儿童极易受到伤害的、极其脆弱的心灵，师生之间每时每刻都在进行心灵的接触。我希望这一次，也能通过老师的态度让小瑞发自内心地明白老师对他的信任、期待，让他有信心继续朝好的习惯方面去努力。

于是我当着小瑞的面，跟五班的同学解释清楚，处理了这件事，然后我推荐他学习网上的餐桌礼仪，告诉他与人交往时的点点细节。小瑞看到给我惹了这么多麻烦，老师不但没有批评他，而是主动帮他解决了问题，并一如既往地信任他，他开心地笑了！

（深圳市南山实验教育集团南头小学　杨静涛）

55.与善同行

这个故事和小学阶段的最后一次大队委竞选有关。我们班级举行了一次初选，报名的学生都在积极地准备着。谁知在竞选前的一个晚上，我收到了一个学生的好几条短信，说是有同学已经在班上拉票，这样竞争很不公平，希望我能出面干涉。我收到短信后，当时并不是很在意，要知道美国总统竞选还拉选票呢，拉个选票应该也算正常吧。但这个同学晚上十点钟了还睡不着，还在琢磨这件事，看来明天还真得去了解了解。

第二天，我来到班里，在了解了一下情况后，发现学生三三两两地挤在一堆，神神秘秘地商量该给谁投票，平时很单纯的一个孩子还跑来问我，杨老师，这次竞选大队委的候选人能不能多一个名额呀，他们两个候选人有一个是我支持的，有一个和我关系不错又专门来找我投票，你说我应该投谁的票呢？我经过进一步了解，发现有一个孩子发动了好几个同学帮她拉票。这样看来，这次竞选拉票已经不是一次简单的行为了，有点拉帮结派了，而且这样的行为无疑会误导孩子们以为机会是可以不择手段争来的。这都让一些原本单纯的孩子有点无所适从了。参加竞选的候选人本身是两个很优秀的孩子，现在他们彼此之间不是互相欣赏、尊重，而是形成了一种不良竞争，而这又影响了整个班级的和谐、团结。

那现在碰到这种情况该怎么办？要知道当今社会竞争这么激烈，个个家长都希望自己的孩子碰到机会当仁不让，能够在各种活动竞争中锻炼各种能力。可是我们应该怎样引导孩子、培养自己的能力呢？怎样让参加竞选的孩子明白如何去良性竞争？怎样让其他的孩子明白选择什么样的人做领导者？

于是在星期一的思品课上，我们班举行了一次特殊的讨论会。我把班级发生的关于竞选大队委的事情在全班说了后，同学们你看看我，我看看你，这件事其实也是他们心中的困惑，他们也不知道该怎么办。我问孩子们，“你们喜欢什么样的同学当你们的领导者呢？”

一石激起千层浪，学生议论纷纷。

有的学生说：“我喜欢宽容大度的人。”

有的学生说：“我喜欢公正无私的人。”

“我喜欢以身作则的人。”

……

学生的发言让我感到很欣慰，然后我又问道：

“对我们班级的这次大队委初选活动，你们该怎么做呢？”很多同学都说出了心中的看法。其实每个孩子心中都有一杆秤，都是求真向善的，大家都不喜欢通过一些非正常手段置别人感受于不顾甚至损害别人利益的咄咄逼人的行为，大家喜欢的是谦和大气、有责任、有担当、能和他人分享成果的领导者。

“是啊，孔子说，‘己所不欲，勿施于人’，你们不喜欢什么样的行为，那么自己就一定不要去做那样的事。”孩子若有所思地点点头。

在这次讨论后的竞选活动中，一个各方面表现优异且大气谦和的孩子当上了大队委的候选人，但是落选的孩子也高高兴兴地祝福了那个同学。看到这一切，我特别高兴。“人之初，性本善”，真善美存在于每个人的心中，我们这些做老师的，就是要唤醒和激发他们的真情，就是要引导孩子将心中的善转化为行为。

我希望我的每一个孩子都成为善良正直的人，成为真诚坦荡的人，成为受他人欢迎、受社会欢迎的人。

（深圳市南山实验教育集团南头小学　杨静涛）

56.信任的力量

这两年，我担任数学实验班的班主任。数学实验班男多女少，男生人数是女生的两倍，从统计学的角度讲，调皮的男孩自然也不会少。毫无例外，一个小男孩就闯入我的视线……

这个男孩（此处我称为徐同学）可不是一般的调皮，各科任课老师都反映，他不遵守班级规则、上课爱讲话、小动作特别多，而且老师讲课时特别爱插嘴，感觉就像在课堂上老师只能和他一个人聊天儿一样；下课他喜欢和同学打闹，看着像和同学玩儿似的，但是没有分寸，有几次打闹特别厉害，发生了肢体冲突，导致家长都请到学校来。

作为班主任，我和孩子们在一起的时间是最多的，经留意观察后发现，徐同学其实挺热心的。他喜欢帮助别人，也想为班级做贡献，只是不得其法，又特别毛糙，总是好心办坏事儿，导致事情反而更加糟糕，再加上他管不住自己的嘴，总是不停地讲话，就更显得他特调皮、不遵守纪律。

为了给他增强自信并约束他，我先找他谈话："老师发现你喜欢运动、嗓门大，并且乐于助人，所以任命你为体育委员！"他听了高兴极了，不仅增强了对我的信任感，还对自己变得有信心了，觉得可以以身作则了。

事情似乎没有那么简单，就在他高高兴兴当了一段时间的体育委员后，不少同学就来投诉他，七嘴八舌的。有的说他在体育课上和人吵架，有的说他打同学，有的说他上课不听讲，有的说他作为班委不能起到带头作用，应该把当体育委员机会让给别人。于是我便找来与他谈谈话，聊聊天。

我装作啥都不知地问他："徐同学，当了体育委员你感觉怎么样？"

他烦恼地抓抓头发说："老师，我觉得他们都不听我的。"

我接着问："那你知道他们为什么不听你的？你和其他班干部有什么不同的地方，使同学们听他们的不听你的呢？"

他想了想红着脸低下了头说："我总是管不住我自己，上课老想讲话，他们觉得我不是好榜样，管不了自己就不配管别人。"

我点了点头说："分析得很棒！你既然知道自己的问题，那你想不想改正，让大家都佩服你、服从你的管理呢？"

他赶紧表明了自己的态度："当然我也想让大家都喜欢我，只是我不知道应该怎么做！"

正中我的套路，我就是要度身定制他的改进计划。我和他仔细地分析了他现在的情况和后面要采取的措施，制定了详细的改变自己的计划：首先要控制好自己的嘴，上课多听多想，不说闲话；遇到事情要冷静，想清楚应该怎么办再行动，不能头脑一热就冲上去；帮助别人也要搞清楚事情的前因后果，不能听取一面之词；当班干部管理同学，也要讲道理，而且还要有好的管理方法。我又和他的爸爸妈妈打电话，让他的父母帮助他，给他出主意买一些管理方面的书，学习一些管理方面的好办法、好技巧。

又过了一段时间，他逐渐能自我控制，虽然有时候还会讲小话，不过再也没有和同学发生过肢体冲突。趁此机会我召开了班会，请同学们说说最近班级里进步的同学，小徐被提及的次数最多，这让徐同学感觉到自己的付出很是值得。我还让他和大家交流了他最近一段时间的想法与行动，让大家谈谈自己的感受。同学们都说从徐同学身上知道了只有付出努力才能让自己变得更好。从此以后，班级里的同学更加知道努力了，而徐同学也更加积极了，他成为了一个更好的自己，而我也在这次的事件中获得了成长和收获。

现在的我已经不教徐同学啦，可是徐同学总是从高年级跑到我的办公室来说，老师我来看看你，你现在的学生有我听话吗？我打趣地说道，你一年级的时候有那么听话吗？小徐同学高兴地说那不是你教的好吗？此刻，小小的成就感油然而生，不自觉地就笑了……

每当回忆起和这个小男孩“交手”的过程，我就告诉自己，信任是一种巨大的力量，对彼此的信任，就是对彼此的爱，而爱成就你我他！

（深圳市南山实验教育集团南头小学　高佳）

57.大拇哥

“大拇哥，二拇弟，中三娘，四小弟，小妞妞来看戏……手心手背，心肝宝贝。”课间小朋友在玩手指游戏，多美好的画面！就在此时，一个孩子边跑边喊：“老师，小凡又打人啦！”小凡，又是小凡，我心中的怒火顿时蹭蹭地往上冲，快步走向教室。

开学第一天，就扯一个小男生的衣领，排队时，他又把一个小姑娘推倒在地哇哇大哭，他上一趟厕所会有五个人来告状，拍胳膊、拍肩膀、拍肚子、拍腰、拍屁股，一路拍过去……

我私下调解过、当众批评过、和家长沟通过……可这重重的组合拳就好像是打在棉花上，收效甚微。该怎样引导小凡？这事一直困扰着我。

不久后的“正面管教”培训给了我启发，孩子最不可爱的时候恰恰是最需要爱的时候。我该怎么让小凡感受到关爱呢？

课间，我拉着他的小手说：“小凡，我最近看到一个好玩儿的游戏——把小手当宠物，跟他说说话吧！”就这样“小手小手，你今天写的字真好看！”接下来的一段时间，每天都会听到小凡和小手的对话声。

“小手，你刚才打别人了，别人会疼，请你温柔地对同学。”

“小手，你今天对同学竖起大拇指了，同学看到很高兴。”

慢慢地，小凡有点变了。他用自己的声音指导思想，进而用自己的思想指导行为。“小凡，我发现你的声音好像有魔法，小手最听你的话了。”他挠了挠头，腼腆地笑了。

可没多久，这双小手又跟一个孩子打起来了。我刚想痛批他一顿……可是转念一想：不可以！于是，我把这事儿编到了故事里讲给大家听：在一（1）班这个动物大庄园里，有两只小公鸡是一对好朋友。可因为好斗，玩着玩着就斗起来。鸡爸爸、鸡妈妈在家干着急，想拆开他俩。可第二天，人家又玩到一起，找虫子学打鸣。可没多久又会你啄我一下，我叼你一下……听着听着，他俩嘴巴一撇，扭头看了看对方，捂着嘴笑了。课后我说，从今天起，这架可不能随便打，一定要请我来当裁判，我宣布一二三，开打！你们再动手，这样才能判定谁输谁赢嘛。听我这么一说，他俩扑哧一笑，捂着肚子跑了。小孩子很好玩的，你叫他打，它却很少打了！其实我明白，小凡和同学打架只是想引起我的关注。接下来的一段时间，我总是时不时地关注小凡，一句赞扬，一句关心，甚至是一个眼神……

班级平静了很久，我暗自窃喜，决定趁热打铁把教师个人意愿转化为集体舆论。我拿起粉笔在黑板上画了一条长长的绳子，这头画上师生齐心合力的脸，那头画上了一个庞然大物。然后问孩子们：我们要开展一场看不见的拔河比赛，对手是谁？怎样才算赢？小朋友们七嘴八舌：对手是看不见的坏习惯。过程中会有反复，一会我们赢，一会对手赢。但最终，我们要把小凡从坏习惯那边拉过来。

随后在幸福种子的汇演上，小凡缓缓走上台，我帮他拿话筒，他低着头目光只盯着一角，谁知第一排的一个小女生悄悄竖起了大拇指，一个、两个、三个……一整排的大拇指就像刚出生的小鸡，又像整装待发的小企鹅，翘首期盼。只听到大家的轻声耳语："小凡，加油！""小凡，加油！"他嘴巴嘚啵嘚啵公布了自己发现的多边形内角和计算公式，多么美的画面！

这一排大拇指帮助的仅仅是小凡吗？不，他们也找到了自己的价值感。杜威说过："如果用昨天的教育方式来教育今天的孩子，将会剥夺他明天的机会。"是什么力量让他们坚强？是什么距离让他们守望？陪伴孩子成长，我自己也在成长，从解决外部不良行为到发现行为背后的自我价值感，教育不是重重的、急躁的，而是轻轻的、温和而坚定的。

从中我发现：教育是科学，更是心灵的艺术。念念不忘，必有回响，一个微笑可以绽放浑身力量，一个眼神能让他们找到方向！教育是一趟点燃梦想的旅程。教师是点灯人和筑梦人，用学生内心深处的能源，延续心灵的光，变为隽永的亮。云山苍苍，江水泱泱，先生之风，山高水长。让个人梦融入中国梦，让少年梦托起中国梦！我看见美好的画面又次第展开：大拇哥，二拇弟，三寸粉笔……

（广东省深圳市南山实验教育集团南头小学　白莲花）

58.游戏规则我遵守

有效的课堂教学，无论我们组织什么样的活动，都要有一定的目标与规则。许多目标与规则，不少教师常用口头诉说，试图让学生听得明确。其实在让学生明确目标与规则方面，“示范”比“诉说”，有时效果往往更好。我们经常组织学生做游戏，例如“凑 24 点”、“谁得第一”、“你说我算”等等，为提高活动的有效性，首先必须让学生明确目标和规则。于是有的老师在学生开始活动之前，煞费口舌、不厌其烦地告诉学生你们要怎么做，要注意什么，有的时候解释一个规则或目标，花费了很长的时间，学生听着教师冗长的解释，似懂非懂，那种迫不及待的游戏热情逐渐减退，而真正活动的时候，他还是没明白自己到底要怎么做，到头来只能是瞎玩一气，收效不大。因此，游戏目标和规则的明确，需要教师改变组织技巧。如：玩“凑 24 点”。游戏之前，我先用简短的几句话将学生引入游戏情境中：“下面我们要玩的是一个充满欢乐和竞争的数学游戏——凑 24 点。”学生明白了，哦，要玩游戏了，精神为之一振。“怎么玩呢？我想先请三位同学带好你的扑克牌（要求每个学生课前准备好）先和老师一起来玩一玩，充分发挥你的智慧，看看谁的反应最敏捷，其余同学给我们加油，好吗？”这样，把其他同学的注意力也吸引到讲台上。接下来教师边讲边和三位同学一起做：每人出一张牌放在桌面上，用这四个数“加、减、乘、除”凑成 24。教师故意思考了几秒钟，台上同学也是憋足了劲，下面的同学也都在跃跃欲试，教师先说了一个答案，接着又有两个学生想出来了，最后大家把牌全部给了那个没想出来的学生。他还不服气的要再来一次。教师顺势说：回座位跟你的同学比比看吧！就是这么一个不到一分钟的师生共同参与的示范游戏，不仅充分激发了学生的兴趣，而且让每个学生都明白我要做什么，怎样做，达到什么目的。也正因为他们懂得了自己该怎样去做，所以才会带着饱满的热情与自信投入到游戏之中，从而最大限度地发挥了游戏的作用。有一次，我用此办法组织游戏活动时，有四个同学一时想不出凑成 24 点的方法，他们就请老师帮忙，结果我很快凑成了 24 点，他们就表露出崇拜神态，并发出感慨：“哇，老师真厉害！”然后笑着投入到新一轮的游戏中。我看到学生的那种有规则、有序、专注投入进行小组游戏活动的情境，也非常开心。这种教学组织，功归于游戏之前的“示范”之举。

（深圳市南山实验教育集团南头小学 高雅）

59.活动过程我关注

教育家乌申斯基说："注意是我们心灵的唯一门户，意识的一切，必然都要经过它才能进来"。只有那些进入注意状态的信息，才能被认知，并通过进一步加工而成为个体的经验，其目标、范围和持续时间取决于外部刺激的特点和人的主观因素。根据笔者观察：儿童在亲身参与的活动中，其注意力比在听他人讲解时更集中。基于以上认识，许多数学知识的教学，如果教师能从讲解式的教学方式中解放出来，围绕问题，设计出各种能让学生亲身参与的活动，将会使学生注意力更为持久和集中，从而收到良好的教学效果。

例如：北师大版义务教育课程标准实验教科书二年级数学上册第80页练一练的第2题，是一道关于应用乘法口诀等知识解决购买鲜花问题的开放题，教师用讲解的方式，让学生理解并解决题目中的三个小问题，学生往往注意力不集中，而且答案比较单一。我借此素材，结合生活实际，改编成"欣欣花店"这个情境，让学生参与模拟购花活动。学生扮演两种角色——顾客和营业员，各自思考着这两种角色的责任和状态，并进行即兴表演。

学生1（营业员）：各位顾客朋友，你们好！我是欣欣花店的营业员，下面由我介绍一下本花店花的品种和价格——玫瑰每枝5元，百合每枝6元，蝴蝶兰每枝3元，马蹄莲每枝4元，康乃馨每枝1元，菊花每枝2元。欢迎您的光临。

学生2（顾客）走向营业员。

学生1（营业员）：您好！请问您要买花吗？我们花店的花又便宜又新鲜。

学生2（顾客）：请问百合多少钱1枝？

学生1（营业员）：一枝百合6元钱，请问您要买几枝？

学生2（顾客）：4枝百合多少钱？

学生1（营业员）：（想了想）4枝百合24元钱。欢迎您下次光临！

……

两位学生绘声绘色的模拟表演，很快吸引了全班学生的注意力，其他学生迫不及待地轮流扮演顾客，并根据自己的购买愿望，提出用乘法口诀计算的数学问题，未曾轮到扮演顾客的学生扮演营业员，口头解决问题。接着，教师还让同桌二人扮演不同的角色，交互进行提问和解决问题的练习。这样，变讲解为活动，让每个学生"身临其境"，从自己不同的愿望、不同的角度，提出问题，思考问题，解决问题。学生自始至终热情高涨，积极思考，避免了因"学生不听讲"课堂效率不高的问题，起到了事半功倍之效。

（深圳市南山实验教育集团南头小学　高雅）

60.解决问题我挑战

要求学生探索与思考问题是数学教学中常见的学习活动，教师如果只要求学生接受某种探索与思考问题的任务，自觉的学生也能按照老师的要求完成任务，但是学生是被动的，不自觉的学生就容易浑水摸鱼，因为教师往往以部分学生的探索与思考结果，代替全班学生的学习效果。如果教师能把探索与思考的问题，变成“挑战学生的智慧”，学生变被动为主动，学习状态与效果就会大相径庭。实践表明：当智慧受到挑战时，学生往往会释放出更多的能量，进行更加有效的学习。例如“买文具”（北师大版一年级上册 70 页）一课中，掌握元角之间的进率是本课的重点，“1 元 =10 角”大部分学生都知道，关键是要在了解这一知识点的基础上，会进行实际的人民币的换算操作。我以教材主人公“笑笑购买了 1 元的卷笔刀，请同学们付钱”的情境引出问题，一开始，学生拿出的一般是一张 1 元的纸币或一个 1 元的硬币，也有少数几个学生拿出两个 5 角的硬币，老师借此引出“1 元＝ 10 角”的钱币关系，同时学生也初步感受购物时可以有不同的付钱方式。接着，我就提出了挑战性问题，激发学生的思维：“淘气也为笑笑拿了 1 元钱，他的拿法跟小朋友拿的都不一样，你们猜猜他可能是怎样拿的？一语激起千层浪，学生开始琢磨，到底可以怎样付出 1 元钱呢？有的独立思考，有的自觉地与同桌共同探讨。由于问题具有开放性，为学生提供了多样化解决问题的空间，从而激活了学生的思维，最后学生汇报了一种又一种的拿法，个个都认为自己说中了淘气的想法，使得课堂气氛很活跃，学生参与热情高涨。从学生的汇报中，我们可以看出，受问题的挑战，学生思维能力和合作能力都得到了更好的发展。

（深圳市南山实验教育集团南头小学　高雅）

三、生命家庭故事

1.“不听话”的背后

在我还小的时候，我的妈妈从来没有教训过我说：“你要听话。”她会耐心地跟我讲道理，也会在我无理取闹的时候说：“你要懂事。”但她从来没有在我拒绝服从的时候大发脾气、简单粗暴地告诉我“你要听大人的话”。

她常常说：“我希望你不要总是那么听话，而是要有你自己的意见与坚持。”

上幼儿园的时候，我曾经被老师在课上叫起来罚站，原因是在休息时间跑去玩水。我再三申辩自己只是去洗手间，并不是去玩水，见老师毫不理睬，便拒绝起立。老师于是在放学后向妈妈反映，希望她能够管管我。妈妈却没有教训我“你要听老师的话”，而是在耐心地听了我的解释后说：宝贝，老师也会有做错的时候，你能坚持自己的意见，又能这么诚实，我真为你感到骄傲。

上初中的时候，我在学有余力的情况下加入了校排球队，每天下午五点前要到球场训练。当时学校的正常放学时间是四点半，然而班主任为了提高教学成绩，强令我们六点之前必须留在教室里自习，我几次申请提前离开，却全都被他以“学习比运动重要”为由拒绝。眼看着就要跟不上队友们的进度，焦急的我选择违背班主任的命令，一打放学铃便偷偷溜去训练。几次之后，班主任察觉了我的“阳奉阴违”，便打电话告诉了妈妈。谁知妈妈在了解事情的原委之后，不仅没有批评我的“叛逆”，反而跟我说：老师强制你们留校虽然有他的道理，但是“一刀切”不妥当。你现在既然能在学习时间内保证效率，其他时间就可以去做些喜欢的事情，这件事，你“叛逆”得好，我支持。

这两件事情，在当时都给我留下了很深的印象。而回首童年，已经成人的我依然会为妈妈如此开明的教育理念感到震惊。她没有简单地教育我服从长辈、畏惧权威，而是告诉我，“大人的话”并不总是对的，再权威的人也会有犯错的可能。对外，这让我学会独立思考判断，勇于质疑，能够提出自己的想法而非一味依附他人的意见；对内，这让我学会谦卑，懂得自省：毕竟任何人都可能犯错，我也并不例外。现在，当我在独立思考后提出质疑从而得到老师的赞许之时，当我在与人交谈之时因自己有理有据的主见而收获尊重之时，我总会想起妈妈，想起她说：“你不要总是那么听话，而是要有你自己的意见与坚持。”

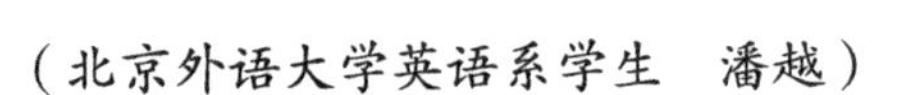

可以说，我之所以能够成长为一个善思考、敢质疑、有主见的人，全要归功于这样的教育理念。

（北京外语大学英语系学生　潘越）

2. “补习”、“补习”

在目前的应试教育机制下，中、高考都是孩子成长中绕不过去的独木桥。山外青山楼外楼——永远没有最好，为了孩子能在关键时刻如愿以偿，很多时候，家长、孩子甚至老师在学习中面临着这样或者那样的情形时，都会在要不要补课、怎样选择合适的补课方式上纠结。在我自己孩子的学业路上，关于补课，我有以下几点思考：

第一，是孩子本身自己的意愿。如果孩子认识到自己在某一学科上存在着学习或者思维上的困难，认为可以找老师来帮助他，那么这种源自孩子内在的意愿就能在后期的课堂中转化为学习的一种动力。如果仅仅是因为跟风或者提前上课，这样的补课往往会占用孩子大量的时间，反而容易让孩子对学习产生倦怠——因为长时间从事某一项活动，一定会以牺牲另外的活动为代价。当孩子缺失了对快乐生活的领悟与体验，孩子的思维力、创造力以及对未来美好的憧憬力都会受到制约。

在当今的“不要输在起跑线上”的领跑教育甚至提前“偷跑”教育的口号中，家长要最大可能地摒弃教育的快餐化和时段化。许多家长认为，孩子小学成绩好了就意味着初中高中会好，只要高中好了，上个好大学一辈子就有保障了。也有许多家长只关注孩子语文数学多少分，而没有去关心孩子喜欢不喜欢现在的学习以及喜欢与不喜欢的理由，只要分数高，业余时间可以满足他所有的愿望。见到的更多现象是，家长聚在一起，谈论着谁家的孩子多么多么优秀，这无意中增加了自己内心的焦虑感，此时，但凡有机构渲染一下他们的神奇能力或者有家长群呼吁一下，好多妈妈都会把持不住，要求也好强制也罢，都会将孩子送进补习的大门，随后自己就感觉高枕无忧、等待收获了。

每每看见从补习机构鱼贯而出的小儿郎们，在我内心就会感到深深的隐忧……补习让家长认为可以省事儿，家长认为我花了钱就一定会有收获，可是学习还真不是简单到花钱、省事儿就可以解决的。真正的补习，恰恰是需要家长更加用心。只有家长做足功课，才能发挥补习真正的作用。

第二，当孩子需要补习时，我们家长要做什么？一旦孩子与家长商定要补课，那家长就需要认真审视：了解自己的孩子，适合怎样的老师来补习——基础型的老师和竞赛型的老师各有所长，只有了解了自己的孩子，才能有针对性地选择老师。并不是课讲得越精彩容量越大的老师越好，而是和自己孩子的需求越趋近的老师越有利于孩子的提升与领悟。基础型的老师对概念性的把握与延伸能帮助思维相对慢一些的孩子，而竞赛型的老师更适合那些基础不错且活跃的学生。同时家长在补课之前就需要明白自己的需求：我们的孩子是因为需要开启、需要拓展还是需要弥补基础的概念与理解。所有的补习都不能是重新上课，所以那种大课型的、集中讲题的方式所带来的效率会远远低于一对一的效率——对孩子有针对性地进行设问、答疑、延伸与激励，这种补习带给孩子的，应该远远胜于知识，更有对知识的兴趣与求索的热情。当然，这也对家长提出了要求——只有拥有了老师资源才有条件去选择。所以，有针对性的、高效的补习还需要家长对孩子、老师的了解，还需要拥有老师资源。如果找不到合适的老师，可以和孩子的任课老师商量，任课老师有意识的、有针对性的弥补，效果往往不会比不适合孩子的补习老师做得差，关键还能事半功倍。

第三，当孩子开始补习时，我们家长能做什么？孩子的补习对家长也是一个挑战，好的补习是需要家长好好配合的。许多家长在孩子找到补习老师后，就会松下一口气，认为师傅领进门了。而用心的家长，这时是有许多具体的事务可以协助的：比如和老师主动介绍自己的孩子，让老师缩短对孩子的了解过程；在补习结束后留给孩子和老师一定的沟通时间，让老师更明白如何去帮助这个需要他帮助的学生；再有可能，是家长能在孩子上课期间，静坐一边，观察、倾听孩子在补习中的表现，以便和老师、孩子一起来商量后面的内容与方式。收效明显的补习会让孩子在缩短学习时间的情况下，找到他需要的方法和信心，也更能激发自我探索的信念。否则，老师与孩子的相互认识、了解的过程会延长，也就自然会让孩子花更多的时间。而课余时间能跳出学业，从事更多有趣味的活动，对孩子与家长来说何尝不是一份惬意呢？家长如果对孩子的课余时间有“惜时如金”的概念，那么就需要仔细斟酌、有效行动。只有家长与孩子共同行动，才能让补习成为孩子的飞翔助力。

（深圳市龙岗实验学校 张艳）

3.蝴蝶挂饰

从小到大，我见过身边的不少同学，在外闯了祸或者受了欺负，却因为觉得家长不会在意甚至害怕家长责骂的缘故，宁愿自己躲起来偷偷哭也不肯跟家长讲。相较之下，我就很少会有这种顾虑。遇到难以处理的困难或麻烦，我总是愿意坦然地告诉妈妈，和她一起商量解决办法，而这样的信任与坦诚，最初的来源大概应该追溯到一个小小的蝴蝶挂饰。

小学二年级的时候，有一次学校要收费，妈妈便给了我一张百元钞票带去学校，然而那天的收费因故推迟，我只好再将钱带回去。就在回家的路上，一个兜售挂饰的小贩吸引了我的目光，只见她提着一串五颜六色的绳编挂饰，那绚烂的颜色和精美的手工让年幼的我一下子就喜欢上了。但是一个挂饰要二十块钱，这“昂贵”的价钱让我有些担心妈妈的批评。犹豫再三，对挂饰的喜爱还是占了上风，我挑了一个漂亮的蝴蝶挂饰，交了钱，然后将找回的零钱往书包里囫囵一塞，连数都没数就匆匆离开了。

我本以为这件事不会被妈妈发现，谁想班主任早就在班群里通知了家长们交费推迟。当妈妈让我将钱拿出来的时候，我一下子就懵了，支吾许久，一直到妈妈生了气，这才将找回的零钱翻了出来。然而糟糕的是，等妈妈清点钱数，我才知道——原来，那小贩还少找给我三十多块钱!

三十多块钱——这对于年幼的我来说无疑是一笔巨款。我当时就慌了，都忘了解释来由，只晓得一个劲地哭。妈妈却平静了下来，温言软语地询问我是怎么一回事。在我抽噎着诉说了买蝴蝶挂饰的事情之后，她并没有立刻责怪我，而是平和地说：事情已经发生了，哭也没有用，现在我们要想想怎么解决问题，把钱拿回来。于是，妈妈带着我又一路走回那个小贩摆摊的地方。幸运的是，小贩并没有抵赖，而是非常爽快地将剩下的钱找给了我，还解释说我那时走得太急太快，她都没来得及找齐零钱。我这才松了一口气。回家后，妈妈才严肃地告诉我：你既然真的喜欢那个挂饰，妈妈就不会责怪你买下它，为什么要慌张呢？下次再买什么东西不要急，先当面把找钱数清楚再走，遇到问题也不要慌，妈妈会和你一起解决。

这件让年幼的我惊慌失措、害怕不已的事情，就这样被平静地解决了。没有怒吼，没有斥责，有的只是平和的话语与“我会和你一起解决问题”的保证。也许正是因为日常生活中许许多多这样类似的小事，才让我培养出了在遇到麻烦时对妈妈的信任与坦诚，因为我知道她不会不挂心也不会责骂我，而是会冷静地与我一起面对问题、分析问题，并最终解决问题。

（北京外语大学英语系学生　潘越）

4.我是戾气的妈妈吗

我的一个学生家长，是一个白领，也是一位单亲妈妈，在独自历经生活的艰辛中养育大了儿子。在朋友的邀约中，妈妈远行至非洲——既是想放松放松自己的心情，也想犒劳犒劳这二十年来的不易。返回时，儿子真切地想表达那份对妈妈养育的感恩与爱怜，于是坚持要去机场接妈妈，于是母子约定了时间、地点……一场温馨的亲情团聚却被没有说出来的爱，砸成解不开的怨！

妈妈回来的飞机因为天气原因而晚点，儿子在长长的等待中也渐渐地有些情绪；而机场接机处停车位的限制，使得妈妈在下机后，和儿子因为会合地点问题反复联系了几次。妈妈按照自己的判断，认为该在A处，孩子按照工作人员的要求在B处等待，直至妈妈在十多分钟的步行后，才与儿子会合。十几天的别离，儿子已成年的欢欣、更有彼此用心守护十多年的温情，见面后应该是一个无以替代的拥抱吧？可是，此时的妈妈感觉是身心疲惫、火冒三丈；而此时的儿子，也由于妈妈电话的苛责变得烦恼不已，怯怯地走近妈妈，讪讪地伸出手，想帮母亲接过手中的拖箱放在后备箱，却不想母亲径直伸手从儿子手中拿过车钥匙，打开后备箱、放入行李、关上后备箱、上车、关门、发动车、扬长而去……一系列熟练而连贯的动作，车尾后是一双愕然而慌乱的眼神——因为他出门时并没有带上交通费。

一路旅游回来的开心，就在这归家的途中，伴着怨气回到家。竟不想，电梯门打开的瞬间，儿子微笑着站在了家门口（因为儿子乘出租车先到家了）。未来得及发泄的情绪，也在这一刻迸发：等待中的烦躁，找寻中的责怨，路途中没有爆发出来的种种，一时间如火山爆发：儿子种种的木讷、按部就班的傻瓜、没有体恤之心的白眼狼……一个刚刚步入社会的孩子，面对自己母亲如此地口无遮拦，容不得解释也没有机会解释，最终，孩子在绝望中瘫坐在地上，嚎啕大哭。此刻，目瞪口呆的是那位常有理的母亲，她万万没有想到，一个已经成人的男子汉，会如此委屈与无助……此时，母亲仍然用了她惯有的方式来安慰：好好好，别哭了，你是有心关心我的，我知道了。快别哭了，起来，我们一起出去吃好吃的……一场冲突就这样云淡风轻地过去了

当这位母亲和我谈起整个经过时，已然是过去好久了。我淡淡地问了一句：你最后有向孩子道歉吗？这位母亲立马说：为什么道歉？我又没有做错什么，为什么道歉呢？再说小孩子懂什么道歉呢？我接着问了一下：你可不可以仔细想想后告诉我，你已经多久没有向别人道过歉了呢？她脱口说已经好多年了：一个人又当爹又当妈的，我容易吗？谁向我

来道歉？我为什么要向别人道歉呢？

我默然。

我们带孩子来到这个世界，是让孩子来感受世界的关爱然后传播这份关爱的。爱孩子的前提是尊重孩子，尊重孩子的选择和行为方式。这个孩子，在满怀期待中去接自己的母亲，心里的那份开怀应该不言而喻。在等待中，即使有出错或欠妥的地方，也应该首先问清楚理由，然后待那份情绪稳定后，再与孩子交流接机中存在的不恰当和以后可以改进的地方。如果将自己的情绪，不分时间场合地以发泄为目的，那这个孩子首先在父母眼中是得不到尊重的，他会慢慢习惯在社会上他是可以不用尊重的，他也不会习得如何去尊重他人。当以后在与他人的交往中出现冲突时，他很难学会安抚好情绪，好好去沟通和表达——要么暴戾要么躲避，因他自己在这种家庭尊严无足轻重的家庭中长大，也渐渐地放弃了对尊严的守护。一个没有尊严的孩子，一定不是为人父母的初衷。作为父母，常常一生操劳，希望能给孩子一个无忧、无惧、努力而快乐的人生，可是我们自己却往往在忙碌中忘记了我们的初衷——因为爱，我们愿意无私付出；因为爱，我们可以咬牙坚持；也是因为爱，我们会忘记了孩子需要独立的人格，需要独立的人生。其实，孩子更需要我们的尊重。在中国传统的文化教育中，倡导的是孝道与服从，尊重应该是近代以来开始引入的新观念，许多人在自我成长过程中很少会感知到，自然会将它作为一个宏大的、遥不可及的概念去固化。其实，尊重源于生活，也融入生活的每一个细节中。我们在孕育孩子、陪伴孩子成长的每一个阶段，都将他作为独立的生命个体和有思想的人去尊重，在尊重的前提下谈爱与帮助，那我们的孩子也就会在以后的道路中学会尊重自己、尊重他人、尊重父母，更容易学会爱自己、爱家庭、爱社会。

（深圳市龙岗实验学校 张艳）

5.您关注孩子的逆商了吗

在孩子培养上，父母可谓是倾其所能，比如花重金买学区房，报各种兴趣班、补习班，生怕孩子输在起跑线上。然而，为什么我们听过不少从小很优秀的小孩，一路走下坡路，后来变得平庸乃至浑浑噩噩的事例？先给大家讲一个案例。

笔者的一个同学是国内一流大学的物理本硕生，在读期间还自学了日语并考取日语一级。然而，他一度因没发表论文被延期毕业；找工作方面，甚至以自己形象不好为由连工作也不找，整天在宿舍打游戏，基本呈自我放弃状态。类似的情况，相信大家周围也有，我们完全没办法将他们今日的行为跟当年的高考胜利者、佼佼者挂上钩。

可以说，这些人的智商培养是成功的，究竟是哪里出了问题呢？其实，这样的学生往往一路被赞扬过来，没受过任何打击。可进入大学后，却发现四周有很多比自己优秀的人，加之在很多事情上摔跟斗，曾经是数一数二的佼佼者现在居然是倒数，这让他们承受不起、措手不及并且不敢直接告诉家长，因为家长从来没有给孩子传递过“失败也没关系，继续努力就好”这样的信息。

当然还有另外一种情况，家长在应试教育压力下不惜花费大量时间、精力、金钱来培养孩子。家长的这些努力却出现反效果，导致孩子出现厌学、学习独立性差、任性自私等问题。近几年，频繁出现学生因学业压力、与父母沟通或情感问题而选择离家出走甚至结束自己的生命的情况。

这些孩子大多从小凡事由父母包办。这样的父母称之为“直升机父母”，他们像直升机一样，随时在孩子的上空盘旋，总以为自己能控制孩子生活中的所有变量，总是介入孩子的一切，在孩子遇到困难时立马降落，为他们排忧解难。这样的孩子别说没经受过挫折，甚至连成功的喜悦也没有体验过。父母的初衷只是想让小孩少走点弯路，然而却剥夺了孩子自我成长的机会。一味地包办，可能会让孩子丧失自理能力，凡事被动。可是，孩子总会长大，当他们发展出自己的意识时，可能会出现叛逆心理，这些都会让父母无所适从。

心理学家认为，一个人的事业成功必须具备高智商、高情商和高逆商这三个因素。在智商和情商相差不大的情况下，逆商则会对一个人的成功起着决定性作用。逆商（Adversity Qquotient，逆境商数，简称 AQ）是人们面对逆境时的反应方式，即面对挫折、摆脱困境和超越困难的能力。

法国作家巴尔扎克说：挫折就像一块石头，对于弱者来说是绊脚石，让你怯步不前；而对于强者来说却是垫脚石，使你站得更高。

当一个人有逆商的时候，便会发现自己人生中出现的很多困境、痛苦、失败，都是在为未来实现更大的目标做准备。然而在现实生活当中，很多父母会因为孩子少考了几分一夜睡不着，孩子考试时父母比孩子压力还大。父母尚且没有这样的胸怀面对困境，又怎么能要求孩子能够有这样的胸怀。

为大家所熟知的史玉柱，他遇到挫折时爬起来的速度总比摔倒的速度更快，这就是高"逆商"。家庭向孩子传递逆商的方法有很多，笔者在这里向大家介绍以下三种。

（1）培养孩子延迟满足

美国斯坦福大学心理学教授沃尔特·米歇尔设计实验：给 4 岁儿童被试者每人一颗美味的软糖，同时告诉孩子们，马上吃只能吃一颗；如果等 20 分钟才吃就可以多奖励一颗。有的孩子急不可待，立马把糖吃掉；有的孩子则耐住性子从而获得了更丰厚的奖励。研究者在后来几十年的跟踪调查中发现，有耐心的孩子在事业上的表现更为出色，也就是延迟满足能力越强，更容易获得成功。在小孩遇到困难时，建议父母不要立马伸出援手，而是鼓励孩子再坚持坚持，培养孩子对挫折所带来的不愉快感的耐受力。

（2）惩罚懒惰而不是惩罚失败

今天，我们并没少听到，某个孩子考了 98 分，因比上次少了一分而被父母惩罚。很多父母认为孩子失败就应该惩罚，孩子被惩罚之后就会更加长进。殊不知，这一分并不能代表孩子"失败"。所以，父母应更多关注孩子是不是因为犯懒而退步的；只有惩罚懒惰，孩子才会更加努力。只要孩子是保持努力上进的，父母就应该鼓励。

（3）把孩子放在团队中锻炼

父母一味的说教有时候孩子并不能切实感受到，但是如果孩子因为自己的原因被同伴孤立，他将终生难忘。很多父母为了给孩子更多学习机会而减少孩子参加团体活动的机会，却没发现这样做在一定程度上剥夺了孩子与同伴交往的机会。在群体中，孩子会和不同的人打交道，这不仅培养了孩子的合作意识，更让孩子了解到每个人各有所长，人外有人。另外，遇到挫折的时候，同伴支持也是很重要的力量。

所以，孩子经受挫折并不可怕，父母应多关注孩子能不能承受得住打击，受打击之后还能不能保持对生活的热情。并不是任由孩子承受打击而不管，而是在恰当的时候伸出援助之手。这样，孩子的逆商才会得到进一步的锻炼并提高。

（深圳信息职业技术学院　方银萍）

6.孩子被打——责备或打回去

对于孩子被打之后父母应该怎么反应，似乎成为当下父母的热议话题，也是很让父母头疼的问题，父母一般会有几种反应：

（1）最保守的做法就是问孩子为什么要打架，再教育孩子以后不能打架了；

（2）简单粗暴的做法就是鼓励孩子打回去，亦或者带着孩子一起打回去；

（3）先了解情况，再决定要不要打回去。

这整个过程中，怎么做似乎都是父母在纠结，但总觉得好像忽略了什么？突然想起《美国狙击手》影片中男主角小时侯被打这一情节，其父亲说人可以分为羊、狼和牧羊犬三类。

羊：这样的人认为邪恶并不存在，没有一点防备，当邪恶降临时，这些人不懂得保护自己。

狼：他们使用暴力，欺负掠夺弱者，属于猎食者。

牧羊犬：能和狼对抗，拥有着强有力的攻击性和保护羊的天性。

剧中父亲说，咱家不需要羊，但如果你们变成狼，我将揍扁你们。我希望你们是牧羊犬，能保护好自己，如果有人要打你或你弟弟，我允许你尽全力去解决。

剧中的父亲，也是简单直接地关注孩子的行为并给予指导，从一定角度上来说是有条件地去接纳孩子的行为，那这个过程被忽略了的究竟是什么？

不知道屏幕前的家长有没有发现，当孩子有负面情绪时说教他，他是很难听进去甚至是反抗的。我们往往总是过多地去关注孩子的行为并急于去说服和改变。

研究现实，会发现现在患抑郁症的孩子越来越多，其中情绪得不到合理的宣泄就是诱因之一，因为这些孩子的情绪没有机会表达或者表达了却得不到回应，所以只能选择压抑。压抑久的情绪得不到宣泄、问题得不到解决就容易得心理疾病。

有人对家长做过一次调查，“假如人生能够逆转，在你小时候感到紧张、担心、害怕时，你希望家长怎么做？”大多数人都表示希望家长能够抱起自己，轻拍背部说：“不要怕，爸爸妈妈在。”那么这个时候的孩子，也是这样想的。

关注孩子的情绪并不意味着纵容，而是让孩子明白家是任何时候都可以信任的港湾，父母会去理解、包容孩子的情感，鼓励孩子敢于表达担忧和恐惧。关注并鼓励孩子表达消极情绪这是一种“情绪支持”，可以减弱负面情绪对孩子的控制，避免孩子走向失控。

回到最初的问题，似乎没有一个完美的解决办法。家长可以尝试以往被忽略的“给予情绪支持”，然后再有条件地接纳孩子的行为。

生命家庭所提倡的，就是一种“赏识生命，激励生命，成就生命”的家庭教育，期望通过分享孩子成长的规律，使得家长了解到孩子行为背后的原因，深刻地体会到科学知识的美、神奇与力量，并借用这些知识更好地指导自己的家庭来养育生命，促进家庭成员之间的关系，进而去成就一个健康美满的家庭！

（深圳信息职业技术学院　方银萍）

7.孩子要被火烫了，父母应该怎么办

相信看到这个问题的父母心里会嘀咕：谁会那么狠心眼睁睁看着！那么接下来请您对号入座。

家长们聚在一起聊天，旁边婴儿车上的小婴儿无事可做，这时他会吃自己的手或者随手抓到啥就咬，一般情况下家长会立刻把他的手拿开说一句：宝宝，脏。阻止了他去探索世界。

在宝宝开始发现自己可以去更远的地方探索的时候，家长会担心孩子摔倒，会时刻注视，甚至在孩子摔跤之后因为心疼而当起了宝宝的拐杖。

是否注意到，幼儿有段时间总是喜欢到处摸到处碰，他们不知道摸到热水会痛、电源是危险的、被尖锐东西扎到会流血。所以，家长总是在不停地跟孩子强调这不能碰，那很危险。然而……

于是乎，总是会听到家长抱怨：我的小孩好像对很多事情不感兴趣；孩子都这么大了怎么还总是不喜欢走路；孩子还是天不怕地不怕。

意大利儿童心理学家蒙台梭利认为，儿童在早期发展阶段有几个所谓“敏感期”或称“关键期”。在敏感期阶段，儿童接受某种刺激的能力是异乎寻常的。儿童对某种事物的特殊感受性一直持续到这种感受需求完全得到满足为止。

4-12个月是婴儿口腔的敏感期，这时宝宝喜欢吃手，他在用口进行尝试、感觉一些抽象的概念。可家长们往往会一定程度上阻碍婴儿口腔敏感期的发展。请妈妈们给宝宝口腔发育的机会，可以让他们“尝个够”。

1-2岁、1.5-3岁分别是幼儿大肌肉和小肌肉的敏感期，这个阶段小孩尤其喜欢扶、站、走甚至跑。在保证安全的前提下，可以在孩子最需要的时候轻扶一下或者跌倒的时候鼓励支持一下。也可以和孩子多做相关的游戏使各种肌肉得到训练，增进亲子关系，并且还能使左右脑均衡发展。

0-6岁是儿童触觉发展的敏感期，这时的宝宝喜欢到此摸索到处碰。不是主张狠心看着孩子被烫到、被电到，除了频繁提醒孩子，比如还可以用非常轻度的烫代替让孩子感受到痛，然后再口头教育。

笔者的一个同学是澳籍华裔，她非常爱自己的女儿。然而，总是会看到她的女儿隔三差五地磕到碰到而受伤。别人总是很疑惑，为啥不帮帮孩子？作为母亲，她的回答是：我

希望她自己去探索、去感受疼痛，下次她就懂了！

也许我们家长只是太爱孩子了，曾经过得太不容易就希望多告诉孩子一些让孩子少受点罪，殊不知拔苗助长可能适得其反。有时候，允许孩子犯错、受伤是另外一种保护。

（深圳信息职业技术学院　方银萍）

后 记

当我为《生命课堂研究丛书》划上最后一个句号时，医生告诉我，我的眼睛近视度数也增加了100度！

其实，我早已经过了孔老先生所说的“知天命”的年龄，并且一直都在做人生的减法，对外在客体的追求也越来越少，可为什么却如此执着地以生命为代价，继续积极探索生命课堂的理论价值与实践方法呢？！

为功利吗？毋庸讳言，自己曾经为功利而写作。记得在上个世纪90年代初，江西21世纪出版社肖飞飞先生曾经约请我撰写几本科普性著作，这些书和我的专业研究其实关系不大，但不管是受朋友之约还是为了稿费，或者二者兼有，我都积极地答应了。但是现在撰写这套丛书，自己拿不到一分钱的稿费，也不需要它来为我提升职称，更不靠它来完成我的科研指标……

为责任吗？责，有一些，但任务就根本谈不上。自从承担下“深圳市夏晋祥‘生命课堂’教育科研专家工作室主持人”的研究课题以来，已经在《课程·教材·教法》、《中国教育报》等国家权威期刊及其他刊物发表论文7篇，早就已经圆满地完成了课题规定的任务了。

是一种使命和情怀吗？想来想去，还真的有很大一部分这方面的因素。记得自己从2002年开始，在大、中、小学听课1000多节，深深感到中小学生太苦了、中小学教师太累了，中国教育太功利了！当今中国的课堂，是一种理性主义盛行、知识至上、教师中心的“知识课堂”。这种课堂片面追求对客观知识的授受，而忽视了更加重要的唤醒师生生命意识、激发师生生命潜能、提升师生生命境界、促进师生生命发展的课堂教学价值。最终导致课堂教学的严重异化，教师越教，学生越不会学、越不爱学。这不仅弱化了学生的主体意识，学习的主观能动性也无法充分发挥出来，而且学生的情感被忽视，生命的灵感被抽象化，学生的创新意识和创造性都受到了遏制。

所以，作为一个从事教育理论研究与实践研究的教育工作者，有责任和义务对我国教育存在的这些问题去进行深入的研究，更重要的是要找出解决问题的办法，于是，我们提出了“生命课堂”这一个全新的课堂教学新理念，并积极在实验学校与教师一起构建新的课堂生活，并摸索出了一套初见成效的“生命课堂”课堂教学实践操作模式。与此同时，我们还到全国100多所学校包括台湾大学宣讲“生命课堂”理念，以期通过我们的努力，让实验学校通过积极构建“生命课堂”，营造“生命校园”，从而形成“生命教育”的模式，使我们的教育真正能做到“赏识生命，激励生命，成就生命”。

生命课堂研究的开展及《生命课堂研究丛书》的撰写与出版，需要感谢的人有很多，在理论研究方面，第一个要感谢的就是人民教育出版社《课程·教材·教法》杂志社的苏丹兰老师，正是由于她的慧眼与坚持，才使“生命课堂”这一全新的课堂教学新理念登上了国家级基础教育理论最权威刊物的“大雅之堂”，并逐渐被教育理论与实践界所认同与接受。如果没有她的智慧与胆识，至少我的有关“生命课堂”研究，会受到更多的质疑与障碍。第二个要感谢的是原深圳信息职业技术学院校长张基宏教授（现为深圳市教育局局长），由于他的大力支持，使得我的生命课堂著作得以及时出版。第三个要感谢的是深圳大学的赵卫教授，没有他的鼓励与帮助，我的“生命课堂”研究，也会更加步履艰难（令人痛心的是，赵老师已经在几年前就离开了我们，英年早逝，令人叹惜）！在实践研究方面，第一个要感谢的是福田区全海小学张国彬校长，也是由于他的远见与胆识，才使“生命课堂”有了第一所实验学校，才让“生命课堂”能够根植于基础教育第一线，才让“生命课堂”能够在基础教育大地开出绚丽的“花”，结出丰硕的“果”。第二个要感谢的就是光明新区东周小学冯硕万校长，正是由于他的主体性、积极性与创造性，才让“生命课堂”在一块并不肥沃的土地上，开出了一朵灿烂的生命课堂之花。第三要感谢的是龙岗区实验学校丁峰校长和其他课题实验学校的校长们。

国务院教育学科评议组成员、教育部长江学者、博士生导师、原江西师范大学校长眭依凡教授、深圳信息职业技术学院校长孙湧教授在百忙之中为我的研究丛书写序，在此深表谢意。要感谢的还有，我的大学班主任汤树森老师对我的研究的鼓励；台湾大学教授孙效智主任、北京师范大学生命教育研究中心博士生导师肖川教授、曹专博士及大学同学史小力、朱杨寿对我“生命课堂”讲学的邀请；高福生、周国和、藤永华、石庆武对我的研究的宣传与报道；刘锦书记、孙湧校长、张武副书记、吴跃文副校长对我的研究的关注，特别是孙湧校长，多次提出要开展“生命课堂”在高职院校的研究；还要感谢朱怀永编辑对我丛书出版的支持及杨立衡、涂兴洲、张艳、高雅、熊芳芳、么艳梅、羊玲、谢剑积极参与生命课堂的研究……

课题实验学校的老师也积极参与了生命课堂故事的写作，在此也向他们表示感谢！由于作者能力局限，加之时间紧，肯定有许多不成熟、不完美的地方，真诚欢迎批评指正。

夏晋祥

2017年8月28日